煤炭院校特色应用型本科系列教材

MEITAN YUANXIAO TESE YINGYONGXING BENKE XILIE JIAOCAI

电路与电子技术基础教程

冯福生　荆芹　于涛／编著

中国矿业大学出版社

·徐州·

图书在版编目(C I P)数据

电路与电子技术基础教程 / 冯福生,荆芹,于涛编
著.—徐州:中国矿业大学出版社,2022.12
　　ISBN 978 - 7 - 5646 - 5620 - 1

　　Ⅰ. ①电… Ⅱ. ①冯… ②荆… ③于… Ⅲ. ①电路理
论②电子技术 Ⅳ. ①TM13②TN01

　　中国版本图书馆 CIP 数据核字(2022)第 211359 号

书　　　名	电路与电子技术基础教程	
编　　著	冯福生　荆　芹　于　涛	
责任编辑	仓小金	
出版发行	中国矿业大学出版社有限责任公司	
	(江苏省徐州市解放南路　邮编 221008)	
营销热线	(0516)83885370　83884103	
出版服务	(0516)83995789　83884920	
网　　址	http://www.cumtp.com　**E-mail**:cumtpvip@cumtp.com	
印　　刷	徐州中矿大印发科技有限公司	
开　　本	787 mm×1092 mm　1/16　**印张** 16　**字数** 410 千字	
版次印次	2022 年 12 月第 1 版　2022 年 12 月第 1 次印刷	
定　　价	42.00 元	

(图书出现印装质量问题,本社负责调换)

前　言

本教材的编写符合"电路与电子技术"课程的基本要求,适当引进电子技术中的新器件、新技术和新方法;符合学生对基础知识的掌握,培养学生的分析能力、计算能力、综合应用能力和创新能力;符合授课教师灵活选择授课内容,引导学生对教材内容的自主学习和思考。

本教材的编写突出讲清楚基本概念、基本电路的工作原理和基本分析方法,特别是经典电路的工作原理及应用;内容通俗易懂,深入浅出,便于自学,便于"讲、学、做"统一;重点与难点讲述与实例相结合,例题与习题相结合,理论与实践相结合。本教材有如下特点:

1. 对各章节的内容按照知识点的顺序进行编写,分为电路分析篇、模拟电子分析篇和数字电子分析篇。

2. 在内容的叙述上尽量做到精简、生动,适合自学。

3. 配以丰富的例题和习题,加深读者对知识点的理解。

4. 本教材分为基本内容和扩展内容,读者可以进行选择性地学习。

5. 在数字电路中加入经典电路的硬件语言实现,便于读者理解硬件软件化的思想。

6. 加大经典电路的工作原理及应用的简述,便于读者熟练地把经典电路用于实践中。

由于本教材是"电路""模拟电路""数字电路"三门课程的整合,内容多、知识覆盖广。为了更好地掌握教材内容,合理分配有限的课时,在此提供本教材的课时分配表,供读者参考。

本教材较为适宜的理论教学学时为 90 学时,各章的参考学时如下。

各章理论教学参考学时一览表

章节名	参考学时	章节名	参考学时
第1章 电路的基本概念与基本定律	6	第6章 集成运算放大电路及其应用	10
第2章 电路的基本分析方法和电路定理	8	第7章 逻辑代数基础	8

第 3 章 正弦稳态电路的向量分析法	4	第 8 章 组合逻辑电路	10
第 4 章 常用半导器件	6	第 9 章 时序逻辑电路	12
第 5 章 放大电路基础	8	第 10 章 VDHL 基本数字电路设计	18

本教材编写工作由冯福生组织完成。具体分工如下：冯福生（前言、第 6 章、第 10 章），荆芹（第 1 章、第 8 章），于涛（第 9 章），张国维（第 2 章），王维坤（第 7 章），付秀峰（第 4 章），周学良（第 3 章），邱峰（第 5 章）。

由于时间以及作者水平所限，教材中一定会有许多不尽人意之处，诚恳广大读者给予批评指正。

编著者

2022 年 8 月

目　录

第 1 章　电路的基本概念与基本定律

本章主要讲授电压与电流的参考方向,电路的基本定律,电路的有载工作、开路与短路状态,电功率和额定值的意义,电路中节点的电位等内容。重点内容为电压与电流参考方向、电路的基本定律以及电功率和额定值的意义,其中的难点内容为电路的基本定律。

1.1　电路和电路模型

电路是电流的通路,是为了实现某种功能由电工设备或电路元件按一定方式组合而成的。

1.1.1　电路的作用

电路的作用主要是实现电能的传输、分配与转换,电能的传输、分配与转换示例如图 1-1 所示。

图 1-1　电能的传输、分配与转换示例图

信号的传递与处理示例如图 1-2 所示。

图 1-2　信号的传递与处理示例图

1.1.2　电路的组成部分

电能的传输、分配与转换示例(见图 1-1)的电路组成图如图 1-3 所示。

信号的传递与处理示例(见图 1-2)的电路组成图如图 1-4 所示。

由图 1-3 和图 1-4 看出,电路一般由电源或信号源、中间环节和负载构成。电源或信号源的电压或电流称为激励,它推动电路工作;由激励所产生的电压和电流称为响应。

1.1.3　电路模型

为了便于用数学方法分析电路,一般要将实际电路模型化,用足以反映其电磁性质的理想电路元件或元件组合来模拟实际电路中的器件,从而构成与实际电路相对应的电

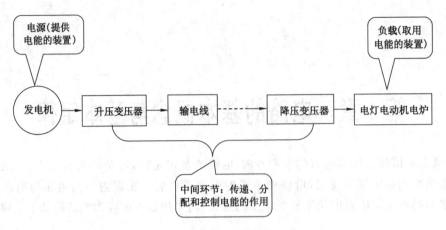

图 1-3　图 1-1 的电路组成图

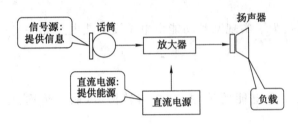

图 1-4　图 1-2 的电路组成图

路模型。

理想电路元件主要有电阻元件、电感元件、电容元件和电源元件等。

【例 1-1】　手电筒的电路模型。

手电筒由电池、灯泡、开关和筒体组成。手电筒的电路模型如图 1-5 所示。

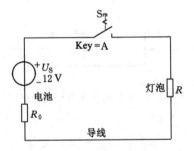

图 1-5　手电筒的电路模型

电池是电源元件,其参数为电动势 U_S 和内阻 R_0;灯泡消耗电能,是电阻元件,其参数为电阻 R;筒体用来连接电池和灯泡,其电阻忽略不计,认为是无电阻的理想导体。开关用来控制电路的通断。

今后分析的都是指电路模型,简称电路。在电路图中,各种电路元件都用规定的图形符号表示。

1.2　电路中的基本物理量

1.2.1　电路基本物理量的实际方向

物理学中对基本物理量及其方向的规定如表 1-1 所示。

表 1-1　基本物理量及其方向规定

物理量	实际方向	单位
电流 I	正电荷运动的方向	A
电压 U	高电位到低电位(电位降低的方向)	V
电动势 E	低电位到高电位(电位升高的方向)	V

1.2.2　电路基本物理量的参考方向

1.2.2.1　参考方向

参考方向是指在分析与计算电路时,对电量任意假定的方向。

1.2.2.2　参考方向的表示方法

（1）电流

① 箭标

可以用箭头指明电流的方向,如下图所示:

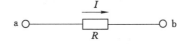

② 双下标 I_{ab}

也可以用双下标表示电流的方向,如 I_{ab},表明电流的方向是由 a 至 b。

（2）电压

① 箭标

其解释同上。

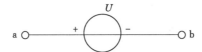

② 双下标　U_{ab}

其解释同上。

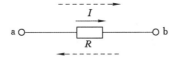

1.2.2.3　实际方向与参考方向的关系

当实际方向与参考方向一致时,电流(或电压)值为正值;

当实际方向与参考方向相反时,电流(或电压)值为负值。

如上图所示电流图,若 $I=5$ A,则电流从 a 流向 b。若 $I=-5$ A,则电流从 b 流向 a;若 $U=5$ V,则电压的实际方向从 a 指向 b;若 $U=-5$ V,则电压的实际方向从 b 指向 a。

注意:只有在参考方向选定后,电流(或电压)值才有正负之分。

1.2.3 电位的概念

1.2.3.1 电位的定义

电位是指电路中某点至参考点的电压,记为"V_X"。通常设参考点的电位为零。

某点电位为正,说明该点电压比参考点高;某点电位为负,说明该点电压比参考点低。

1.2.3.2 电位的计算步骤

(1) 任选电路中某一点为参考点,设其电位为零;

(2) 标出各电流参考方向并计算;

(3) 计算各点至参考点间的电压即为各点的电位。

【例 1-2】 求图 1-6 所示电路中各点的电位:V_a、V_b、V_c、V_d。

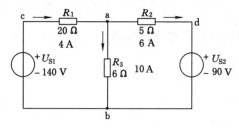

图 1-6 例 1-2 电路图

解 设 a 为参考点,即 $V_a=0$ V,则有

$$V_b=U_{ba}=-10\times6=-60 \text{ V}$$

$$V_c=U_{ca}=4\times20=80 \text{ V}$$

$$V_d=U_{da}=6\times5=30 \text{ V}$$

$$U_{ab}=10\times6=60 \text{ V}$$

$$U_{cb}=U_{s1}=140 \text{ V}$$

$$U_{db}=U_{s2}=90 \text{ V}$$

设 b 为参考点,即 $V_b=0$ V,则有

$$V_a=U_{ab}=10\times6=60 \text{ V}$$

$$V_c=U_{cb}=U_{s1}=140 \text{ V}$$

$$V_d=U_{db}=U_{s2}=90 \text{ V}$$

$$U_{ab}=10\times6=60 \text{ V}$$

$$U_{cb}=U_{s1}=140 \text{ V}$$

$$U_{db}=U_{s2}=90 \text{ V}$$

① 电位值是相对的,参考点选取的不同,电路中各点的电位也将随之改变;

② 电路中两点间的电压值是固定的,不会因参考点的不同而变,即与零电位参考点的选取无关。

借助电位的概念可以将图 1-6 简化如图 1-7 所示。

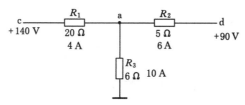

图 1-7　图 1-6 的化简电路图

【例 1-3】　电路图如图 1-8 所示,计算开关 S 断开和闭合时 A 点的电位 V_A。

解　(1) 当开关 S 断开时,电流 $I_1 = I_2 = 0$,电位 $V_A = 6$ V。

(2) 当开关闭合时,电路如图 1-9 所示。

此时,电流 $I_2 = 0$,电位 $V_A = 0$ V。

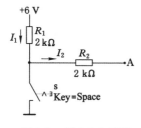

图 1-8　例 1-3 电路图

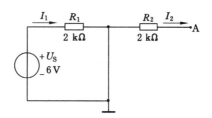

图 1-9　开关闭合时的电路图

【例 1-4】　电路如图 1-10 所示,$U_{s1} = 40$ V、$U_{s2} = 5$ V、$R_1 = R_2 = 10\ \Omega$、$R_3 = 5\ \Omega$、$I_1 = 3$ A、$I_2 = -0.5$ A、$I_3 = 2$ A。取 d 点为参考点,求各点的电位及电压 U_{ab} 和 U_{bc}。

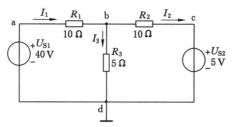

图 1-10　例 1-4 电路图

解　各点的电位 d 点为参考点,$U_d = 0$ V,则有

$$U_b = U_{bd} = I_3 R_3 = 2\ \text{A} \times 5\ \Omega = 10\ \text{V}$$

$$U_a = U_{ab} + U_{bd} = I_1 R_1 + U_{bd} = 3\ \text{A} \times 10\ \Omega + 10\ \text{V} = 40\ \text{V}$$

或

$$U_a = U_{ad} = U_{s1} = 40\ \text{V}$$

$$U_c = U_{cb} + U_{bd} = I_2 R_2 + U_{bd} = -0.5\ \text{A} \times 10\ \Omega + 10\ \text{V} = 5\ \text{V}$$

或

$$U_c = U_{cd} = U_{s2} = 5\ \text{V}$$

$$U_{ab} = U_a - U_b = 40\ \text{V} - 10\ \text{V} = 30\ \text{V}$$

$$U_{bc} = U_b - U_c = 10\ \text{V} - 5\ \text{V} = 5\ \text{V}$$

1.2.4 功率

1.2.4.1 功率的定义

功率是指电场力在单位时间内所做的功,物理符号为 P,单位是瓦特(W)。

1.2.4.2 参考方向

(1) 关联参考方向:元件上电流和电压的参考方向一致。其示意图如图 1-11 所示。

$$P = UI$$

(2) 非关联参考方向:电流和电压的参考方向不一致。其示意图如图 1-12 所示。

$$P = -UI$$

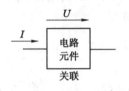

图 1-11　关联参考方向示意图

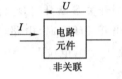

图 1-12　非关联参考方向示意图

(3) 负载

$P > 0$ 吸收功率(消耗功率)的元件为负载。

(4) 电源

$P < 0$ 出功率(产生功率)的元件为电源。

【例 1-5】　有一个收录机供电电路,其电路图如图 1-13 所示。用万用表测出收录机的供电电流为 80 mA,供电电源为 3 V,忽略电源的内阻,收录机和电源的功率各是多少? 根据计算结果说明是发出功率还是吸收功率。

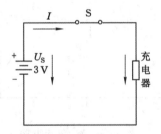

图 1-13　例 1-5 电路图

解　收录机的电流与电压是关联参考方向,有
$$P = UI = 3\ V \times 80\ mA = 240\ mW = 0.24\ W$$
结果为正,说明收录机是吸收功率的。

电池的电流与电压是非关联参考方向,有
$$P = -UI = -3\ V \times 80\ mA = -0.24\ W$$
结果为负,说明电池是发出功率的。

【例 1-6】　如果例 1-5 中的电池降为 2 V,现将收录机换为充电器,充电电流为 -150 mA,问此时电池的功率为多少,是吸收功率还是发出功率? 充电器的功率为多少,是吸收功率还是发出功率?

解　电池为非关联时,则有
$$P = -UI = -2 \text{ V} \times (-150 \text{ mA}) = 0.3 \text{ W}$$
结果为正,吸收功率,说明电池是充电器的负载。

充电器为关联时,则有
$$P = UI = 2 \text{ V} \times (-150 \text{ mA}) = -0.3 \text{ W}$$
结果为负,发出功率,说明充电器是电路中的电源。

1.2.4.3　电源与负载的判别

(1) 根据 U、I 的实际方向判别

电源:U、I 的实际方向相反,即电流从"＋"端流出(发出功率)。

负载:U、I 的实际方向相同,即电流从"－"端流出(吸收功率)。

(2) 根据 U、I 的参考方向判别

U、I 参考方向相同时,则为 $P = UI > 0$,则为负载;$P = UI < 0$,则为电源。

U、I 参考方向不同时,则为 $P = UI > 0$,则为电源;$P = UI < 0$,则为负载。

1.3　电压源与电流源

1.3.1　电源

一个元件的端电压或流出的电流能保持为一个恒定或确定的时间常数,则称其为电源。电源分为电压源和电流源。

1.3.2　电压源

如果电源的端电压与流过的电流无关,则称这种电源为理想电压源。

由于流过恒压源的电流与电压值无关,由外电路决定,其实际方向既可与电压的实际方向相反,也可相同,所以恒压源既可以作为电源向外电路提供电能,又可以作为负载从电路吸收电能。

实际电源两端的电压是随着输出电流的变化而变化的,由于实际电源内部有一定的电阻,电阻上所产生的压降降低了电源的输出电压,所以一个实际电源可以看成是一个恒压源和一个电阻的串联,这种电源模型称为电压源模型,简称为电压源,其电路如图 1-14 所示。

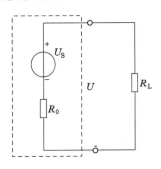

图 1-14　电压源模型

1.3.3　电流源

如果从电源流出的电流与电源两端的电压无关,则称这种电源为理想电流源。

由于流过恒流源两端的电压与电流无关,由外电路决定,其实际方向既可与电流的实际方向相反,也可相同,所以恒流源既可以作为电源向外电路提供电能,又可以作为负载从电路吸收电能。

实际电源两端的电流总是随着端电压的增大而减小的,所以一个实际电源可以看成是一个恒流源和一个电阻的并联,这种电源模型称为电流源模型,简称为电流源,其电路如

图 1-15 所示。

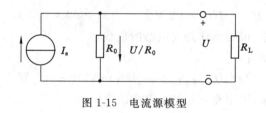

图 1-15　电流源模型

1.4　基尔霍夫定律

支路:电路中的每一个分支称为支路,一条支路流过一个电流,称为支路电流。

节点:是指三条或三条以上支路的连接点。

回路:是指由支路组成的闭合路径。

网孔:是指内部不含支路的回路。

示例电路图如图 1-16 所示,根据以上定义,该电路支路数为 3,节点数为 2,回路为 3,网孔数为 2。

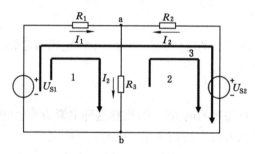

图 1-16　示例电路图

【例 1-7】　电路图如图 1-17 所示,则电路中支路、节点、回路和网孔各为多少?

支路:ab、bc、ca、cd、da、bd(共 6 条);

节点:a、b、c、d(共 4 个);

回路:abda、abca、adbca、bcda、abcda、adca、cdbac(共 7 个);

网孔:abd、abc、bcd(共 3 个)。

1.4.1　基尔霍夫电流定律(KCL 定律)

1.4.1.1　KCL 定律

在任一瞬间,流向任一节点的电流等于流出该节点的电流。即

$$\sum I_{入} = \sum I_{出}$$

或

$$\sum I = 0$$

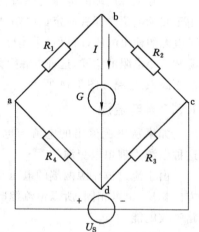

图 1-17　例 1-8 电路图

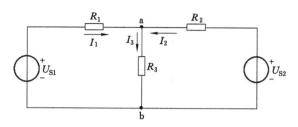

图 1-18　例 1-9 电路图

【例 1-8】 电路图如图 1-18 所示,列出节点 a 的电流方程。

对节点 a $I_1 + I_2 = I_3$

或 $I_1 + I_2 - I_3 = 0$

基尔霍夫电流定律(KCL)反映了电路中任一节点处各支路电流间相互制约的关系,体现了电流的连续性。

1.4.1.2 推广

KCL 电流定律可以推广应用于包围部分电路的任一假设的闭合面。

【例 1-9】 电路如图 1-19 所示,求电路 I。

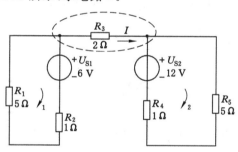

图 1-19　例 1-10 电路图

解 由于回路 1 和回路 2 各自独立,当 R_3 与回路 1、回路 2 形成假设闭合面,从闭合面电流关系得出 $I = 0$ A。

1.4.2 基尔霍夫电压定律(KVL 定律)

1.4.2.1 KVL 定律

在任一瞬间,从回路中任一点出发,沿回路循行一周,则在这个方向上电位上升之和等于电位下降之和。

在任一瞬间,沿任一回路循行方向,回路中各段电压的代数和恒等于零。

即 $\sum U = 0$

【例 1-10】 电路如图 1-20 所示,求回路 1 和 2 的电压方程。

对回路 1 $U_{s1} = I_1 R_1 + I_3 R_3$

或 $I_1 R_1 + I_3 R_3 - U_{s1} = 0$

对回路 2 $I_2 R_2 + I_3 R_3 = U_{s2}$

或 $I_2 R_2 + I_3 R_3 - U_{s2} = 0$

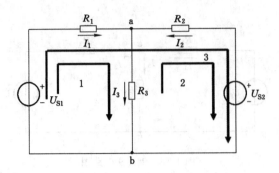

图 1-20　例 1-11 电路图

基尔霍夫电压定律(KVL)反映了电路中任一回路中各端电压间相互制约的关系。

1.4.2.2　定律解题步骤

(1) 列方程前标注回路循行方向;

(2) 应用 $\sum U = 0$ 列方程时,项前符号的确定原则:如果规定电位降取正号,则电位升就取负号。

(3) 开口电压可按回路处理。

【例 1-11】　电路如图 1-21 所示,求回路 1 的电压方程。

对回路 1:

电位升＝电位降,即

$$U_{s2} = U_{BE} + I_2 R_2$$

$$\sum U = 0$$

$$I_2 R_2 - U_{s2} + U_{BE} = 0$$

【例 1-12】　电路图如图 1-22 所示,求各回路的电压方程。

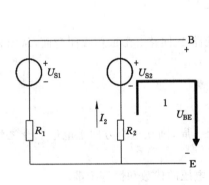

图 1-21　例 1-12 电路图

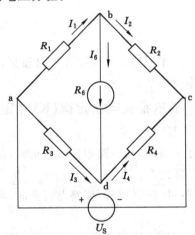

图 1-22　例 1-13 电路图

应用 $\sum U = 0$ 列方程。

对网孔 abda

$$I_6R_6 - I_3R_3 + I_1R_1 = 0$$

对网孔 bcdb

$$I_2R_2 - I_4R_4 - I_6R_6 = 0$$

对网孔 adca

$$I_4R_4 + I_3R_3 - U_S = 0$$

对回路 badc,沿逆时针方向循行

$$-I_1R_1 + I_3R_3 + I_4R_4 - I_2R_2 = 0$$

对回路 cbac,沿逆时针方向循行

$$-I_2R_2 - I_1R_1 + U_S = 0$$

1.4.3 基尔霍夫定律应用——支路电流法

1.4.3.1 支路电流法

利用基尔霍夫定律,以各支路电流为未知量,分别应用 KCL、KVL 列方程,解方程便可求出各支路电流,继而求出电路中其他物理量,这种分析电路的方法称为支路电流法。

对于具有 b 条支路、n 个节点的电路,只能列出 $(n-1)$ 个独立的 KCL 方程和 $b-(n-1)$ 个独立的 KVL 方程,其中 $b-(n-1)$ 实际上就是电路的网孔数。

1.4.3.2 解题步骤

(1) 在图中标出各支路电流的参考方向,对选定的回路标出回路循行方向;

(2) 应用 KCL 对节点列出 $(n-1)$ 个独立的节点电流 方程;

(3) 应用 KVL 对回路列出 $b-(n-1)$ 个独立的回路电压方程(通常可取网孔列出);

(4) 联立求解 b 个方程,求出各支路电流。

【例 1-13】 电路如图 1-23 所示,试求各支路的电流。

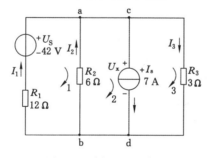

图 1-23 例 1-13 电路图

当支路中含有恒流源时,若在列 KVL 方程时,所选回路中不包含恒流源支路,这时,电路中有几条支路含有恒流源,则可少列几个 KVL 方程;

若所选回路中包含恒流源支路,则因恒流源两端的电压未知,所以,有一个恒流源就出现一个未知电压,因此,在此种情况下不可少列 KVL 方程。

支路数 $b=4$,但恒流源支路的电流已知,则未知电流只有 3 个,所以可只列 3 个方程。

当不需求 a、c 和 b、d 间的电流时,(a、c)(b、d)可分别看成一个节点。

因所选回路不包含恒流源支路,所以,3 个网孔列 2 个 KVL 方程即可。

应用 KCL 列节点电流方程

对节点 c：

$$I_1 + I_2 - I_3 = 7$$

应用 KVL 列回路电压方程

对回路 1：

$$12I_1 - 6I_2 = 42$$

对回路 acdb：

$$6I_2 + 3I_3 = 0$$

联立解得：

$$I_1 = 2 \text{ A}, I_2 = -3 \text{ A}, I_3 = 6 \text{ A}$$

因所选回路中包含恒流源支路，而恒流源两端的电压未知，所以有 3 个网孔则要列 3 个
KVL 方程。

① 应用 KCL 列节点电流方程

② 应用 KVL 列回路电压方程

对回路 1：

$$12I_1 - 6I_2 = 42$$

对回路 2：

$$6I_2 + U_X = 0$$

对回路 3：

$$-U_X + 3I_3 = 0$$

③ 联立解得：

$$I_1 = 2 \text{ A}, I_2 = -3 \text{ A}, I_3 = 6 \text{ A}$$

1.5 电路的工作状态

1.5.1 电源开路

电源开路的电路如图 1-24 所示。其特征如下。

(1) 开路处的电流等于零，$I = 0$；

(2) 开路处的电压 U 视电路情况而定；

(3) 负载功率为 0。

1.5.2 电源短路

电源短路电路如图 1-25 所示，其特征如下。

(1) $I = I_S = U_S / R_0$，短路电流（很大）；

(2) 短路处的电压等于零，$U = 0$；

(3) 短路处的电流 I 视电路情况而定；

(4) 负载功率为 0。

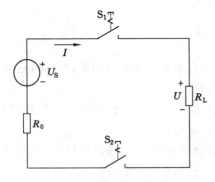

图 1-24 电源开路电路图

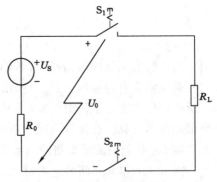

图 1-25 电源短路电路图

1.5.3　负载状态

负载状态电路如图 1-26 所示,其特征如下。

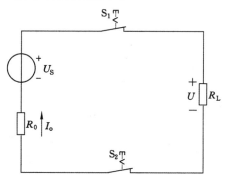

图 1-26　负载状态电路图

(1)电流的大小由负载决定;

$$U = U_S - IR_0$$

(2)在电源有内阻时,$I \uparrow \rightarrow U \downarrow$,当 $R_0 \ll R$ 时,则 $U \approx E$,表明当负载变化时,电源的端电压变化不大,即带负载能力强。

(3)电源输出的功率由负载决定。

1.5.3.1　负载大小的概念

负载增加是指负载取用的电流和功率增加(电压一定)。

1.5.3.2　电气设备的额定值

额定值:电气设备在正常运行时的规定使用值。

(1)额定值反映电气设备的使用安全性;

(2)额定值表示电气设备的使用能力。

灯泡:$U_n = 220$ V,$P_n = 60$ W;

电阻:$R_n = 100$ Ω,$P_n = 1$ W。

1.5.3.3　电气设备的三种运行状态

(1)额定工作状态:$I = I_n$,$P = P_n$(经济合理安全可靠);

(2)过载(超载):$I > I_n$,$P > P_n$(设备易损坏);

(3)欠载(轻载):$I < I_n$,$P < P_n$(不经济)。

习　　题

1. 电路如图 1-27 所示,则电路中的 b 点电位为多少?

2. 某元件的电流与电压如图 1-28 所示,则此元件是电源还是负载? 为什么?

3. 电路图图 1-29 所示,则电路中 b 点的电位是多少?

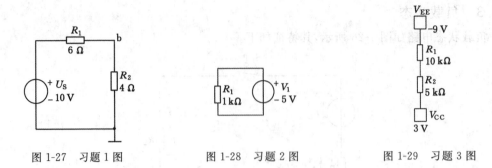

图 1-27　习题 1 图　　　　图 1-28　习题 2 图　　　　图 1-29　习题 3 图

4. 已知图 1-30 中给定的参考方向,则支路中的电流 I 为多少?

5. 已知图 1-31 中元件发出功率为 12 W,则元件的电压是多少?

6. 电路图如图 1-32 所示,选点 C 为参考点,各点电位为 $V_A = 8$ V,$V_B = 5$ V,$V_D = -2$ V,则 U_{AD} 为多少?

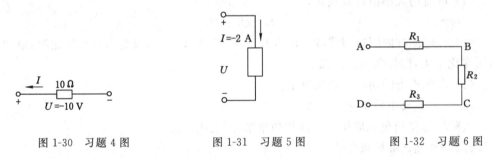

图 1-30　习题 4 图　　　　图 1-31　习题 5 图　　　　图 1-32　习题 6 图

7. 电路及参数如图 1-33 所示,求支路电流 I_1 和 I_2,并分析计算电路中各元件的功率,说明是发出还是吸收功率,校核电路的功率是否平衡。

8. 把额定电压 110 V、额定功率分别为 100 W 和 60 W 的两只电灯,串联在端电压为 220 V 的电源上使用,这种接法会有什么后果? 它实际消耗的功率各是多少?

9. 一只 220 V/60 W 的白炽灯,接到 220 V/100 kW 的电源上,能否被烧坏? 为什么?

10. 电路图如图 1-34 所示,若与理想电压源并联一个理想电流源(或者电阻 R),对负载上的电压和电流有无影响? 为什么? 若与电流源串联一个理想电压源(或则电阻 R),对负载电阻上的电压和电流有无影响? 为什么?

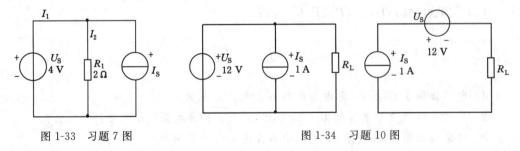

图 1-33　习题 7 图　　　　　　　图 1-34　习题 10 图

第 2 章　电路的基本分析方法和电路定理

本章主要讲授电阻电路的等效变换、电压源与电流源的等效变化、节点电压法等电路的基本分析方法和戴维南定理、诺顿定理等电路定理。其重点内容为电路的基本分析方法和电路定理,难点内容为电路定理。

2.1　电阻电路的等效变换

2.1.1　电阻的串联

电路串联电路如图 2-1 所示。

2.1.1.1　特点

（1）各电阻一个接一个地顺序相连;

（2）各电阻中通过同一电流;

（3）等效电阻等于各电阻之和,$R = R_1 + R_2$;

（4）串联电阻上电压的分配与电阻值成正比。

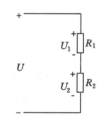

图 2-1　电阻串联电路图

两电阻串联时的分压公式:

$$U_1 = R_1 U / (R_1 + R_2) \qquad U_2 = R_2 U / (R_1 + R_2)$$

2.1.1.2　应用

电阻的串联主要应用在降压、限流、调节电压等。

【例 2-1】　一个两节 5 号电池供电的收录机,用万用表与电池串联测得它的最大工作电流为 100 mA,要想改用直流电源供电。现有一个 9 V 的直流电源,采用串联分压的方式,试选择电阻,并画出电路图。

解　画出的电路如图 2-2 所示,其中 R_1 是要选择的电阻,R_2 为收录机工作时的等效电阻。

$$R_2 = 6/100 \text{ mA} = 60 \text{ } \Omega$$

查电阻手册可知标称电阻没有 60 Ω,则取最接近的 56 Ω。

在购买电阻时不仅要提供阻值,还应说明功率值,$P_{R_1} = I U_{R_1} = 100 \text{ mA} \times 6 \text{ V} = 0.6$ W,查电阻手册功率级没有 0.6 W 的,则取大于并最接近计算值的 1 W,R_1 为 56 Ω、1 W 的电阻。

如实际使用时收录机电压低于 3 V 时,用万用表测得电源的实际输出电压 $U = 6$ V,则说明电源内阻分掉了 3 V 的压降,其实际使用时电路图如图 2-3 所示。

二次选择 R_1,实际接通电路后,有

$$I = U / (R_1 + R_2) = 69.8 \text{ mA}$$

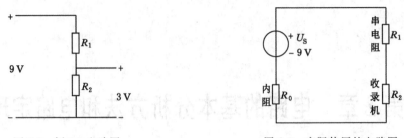

图 2-2　例 2-1 电路图　　　　　　图 2-3　实际使用的电路图

为了达到收录机工作时的电流 $I=100$ mA，$U_{R_2}=3$ V，总电阻 R 应为

$$R=U_S/I=9/100 \text{ mA}=90 \ \Omega$$

$$R=R_1+R_2+R_0=90 \ \Omega$$

$$R_1=R-R_0-R_2=90-43-30=17 \ \Omega$$

$$P_{R_1}=IR_1=(100 \text{ mA}) \times 16 \ \Omega=0.16 \text{ W}$$

查电阻手册二次选择 R_1 为 16 Ω、1/4 W 的电阻。

2.1.2　电阻的并联

电阻并联电路如图 2-4 所示。

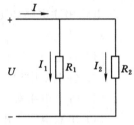

2.1.2.1　特点

（1）各电阻连接在两个公共的节点之间；

（2）各电阻两端的电压相同；

（3）等效电阻的倒数等于各电阻倒数之和，$1/R=1/R_1+1/R_2$；

（4）并联电阻上电流的分配与电阻成反比。

图 2-4　电阻并联电路图

两电阻并联时的分流公式：

$$I_1=R_2I/(R_1+R_2) \quad I_2=R_1I/(R_1+R_2)$$

2.1.2.2　应用

电阻的并联一般用在分流、调节电流等。

【例 2-2】　有电视机 180 W，冰箱 140 W，空调 160 W，电饭锅 750 W，照明灯合计 400 W。问在这些电器同时都工作时，求电源的输出功率、供电电流，电路的等效负载电阻，选择保险丝 R_F，画出电路图。

解　画出供电电路如图 2-5 所示。

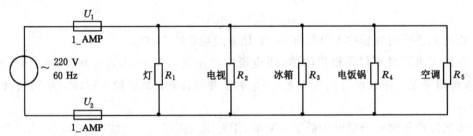

图 2-5　例 2-2 电路图

电源输出

$$P = P_1 + P_2 + P_3 + P_4 + P_5$$
$$= 180 + 140 + 160 + 750 + 400 = 1\ 630\ \text{W}$$

电源的供电电流：$I = P/U = 1\ 630/220 = 7.4$

电路的等效电阻：$R = U/I = 220/7.4 = 29.7$

民用供电选择保险丝 R_F 的电流应等于或略大于电源输出的最大电流，查手册取 10 A 的保险丝。

2.1.3　电压源与电流源及其等效变换

2.1.3.1　电压源

电压源是由电动势 E 和内阻 R_0 串联的电源的电路模型。其模型如图 2-6 所示。

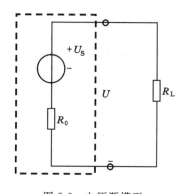

图 2-6　电压源模型

2.1.3.2　理想电压源

若 $R_0 \ll R_L$，$U \approx U_S$，可近似认为是理想电压源，也称恒压源。

2.1.3.3　电压源特点

（1）内阻 $R_0 = 0$；

（2）输出电压是一定值，恒等于电动势。对直流电压，有 $U \approx U_S$；

（3）恒压源中的电流由外电路决定。

2.1.3.4　电流源

电流源是由电流 I_S 和内阻 R_0 并联的电源的电路模型。其电路模型如图 2-7 所示。

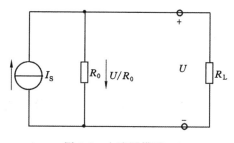

图 2-7　电流源模型

2.1.3.5 理想电流源

若 $R_0 \gg R_L$，$I \approx I_S$，可近似认为是理想电流源，也称恒流源。

2.1.3.6 电流源特点

(1) 内阻 $R_0 = \infty$；

(2) 输出电流是一定值，恒等于电流 I_S；

(3) 恒流源两端的电压 U 由外电路决定。

2.1.3.7 电压源与电流源的等效变换

由图 2-6 得出 $U = U_S + IR_0$，由图 2-7 得出 $U = I_S R_0 - IR_0$，从而得出电压源与电流源等效变换规则。

(1) 电压源和电流源的等效关系只对外电路而言，对电源内部则是不等效的；当 $R_L = \infty$ 时，电压源的内阻 R_0 中不损耗功率，而电流源的内阻 R_0 中则损耗功率；

(2) 等效变换时，两电源的参考方向要一一对应；

(3) 理想电压源与理想电流源之间无等效关系。

(4) 任何一个电动势 U_S 和某个电阻 R 串联的电路，都等效为一个电流为 I_S 和这个电阻并联的电路。

【例 2-3】 电路图如图 2-8 所示，求下列各电路的等效电源。

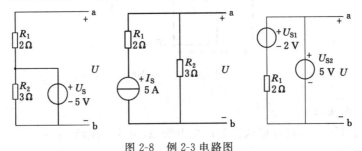

图 2-8 例 2-3 电路图

根据电压源和电流源的特点得出等效电路如图 2-9 所示。

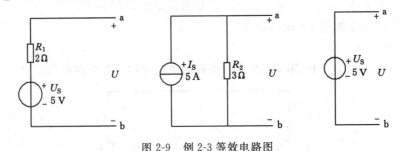

图 2-9 例 2-3 等效电路图

【例 2-4】 试用电压源与电流源等效变换的方法计算 2 Ω 电阻中的电流。电路图如图 2-10 所示，其中，$U_1 = 10$ V，$I_S = 2$ A，$R_1 = 1$ Ω。

本例题的电路等效变换如图 2-11、2-12 和 2-13 所示，根据图 2-13 得出：

$$I = (8 - 2)/(2 + 2 + 2) = 1 \text{ A}$$

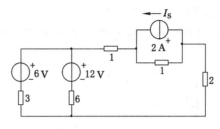

图 2-10　例 2-4 电路图

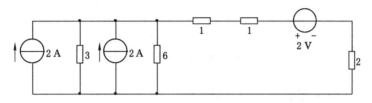

图 2-11　例 2-4 等效变换电路 1

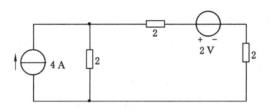

图 2-12　例 2-4 等效变换电路 2

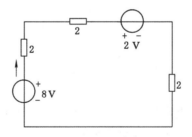

图 2-13　例 2-4 等效变换电路 3

2.2　节点电压分析法

2.2.1　节点电压的概念

任选电路中某一节点为零电位参考点(用 ⊥ 表示),其他各节点对参考点的电压,称为节点电压。节点电压的参考方向从节点指向参考节点。

2.2.2　节点电压法

(1) 以节点电压为未知量,列方程求解;

(2) 在求出节点电压后,可应用基尔霍夫定律或欧姆定律求出各支路的电流或电压;

（3）节点电压法适用于支路数较多，节点数较少的电路。

【例 2-5】 电路图如图 2-14 所示，计算电路中 A、B 两点的电位。C 点为参考点。

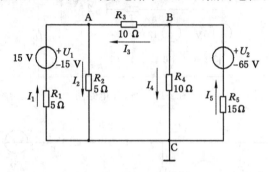

图 2-14　例 2-5 电路图

解　（1）应用 KCL 对节点 A 和 B 列方程

$$I_1 - I_2 + I_3 = 0$$
$$I_5 - I_3 - I_4 = 0$$

（2）应用欧姆定律求各路电流

$$I_1 = (15 - V_A)/5, I_2 = V_A/5, I_3 = (V_B - V_A)/10, I_4 = V_B/10$$

（3）将各电流代入 KCL 方程，整理后得

$$5V_A - V_B = 30$$
$$-3V_A + 8V_B = 130$$

解得

$$V_A = 10 \text{ V}$$
$$V_B = 20 \text{ V}$$

2.2.3　节点电压法通式

$$G_{11}U_1 + G_{12}U_2 = I_{S11}$$
$$G_{21}U_1 + U_{22}U_2 = I_{S22}$$

G_{11} 表示与节点 1 连接的电阻的电导之和，称为自电导；G_{12} 表示节点 1 和节点 2 之间的电导之和的负值，称为互电导；自电导总取正值，互电导总取负值。

I_{S11} 表示将电压源变换为电流源后流入节点 1 的电流源电流的代数和，流入为正、流出为负。

【例 2-6】 电路图如图 2-15 所示，求节点电压方程。

解　图（a）的节点电压方程

$$(1/R_1 + 1/R_2)U_1 - U_2/R_2 = I_{S1} + I_{S2}$$
$$-U_1/R_2 + (1/R_2 + 1/R_3 + 1/R_4)U_2 = U_{S_3}/R_3 - I_{S2}$$

图（b）的节点电压方程

$$(1/2 + 1 + 1/4 + 1/4)U_1 - (1/4 + 1/4)U_2 - 1 \cdot U_3 = 3 + 8/4$$
$$-(1/4 + 1/4)U_1 + (1/2 + 1 + 1/4 + 1/4)U_2 - 1 \cdot U_3 = -8/4 + 2/1$$
$$-1 \cdot U_1 - 1 \cdot U_2 + (1/0.5 + 1 + 1)U_3 = -2/1$$

【例 2-7】 电路图如图 2-16 所示，试求各支路电流。

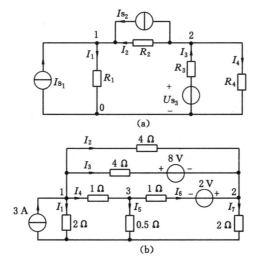

图 2-15　例 2-6 电路图

解　（1）求节点电压 U_{ab}

$$U_{ab} = \frac{\sum \dfrac{E}{R} + \sum I_S}{\sum \dfrac{1}{R}} = (42/12 + 7)/(1/12 + 1/6 + 1/3) = 18 \text{（V）}$$

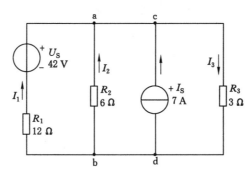

图 2-16　例 2-7 电路图

（2）应用欧姆定律求各路电流

$$I_1 = (42 - U_{ab})/12 = 2 \text{（A）}$$

$$I_2 = -U_{ab}/6 = -3 \text{（A）}$$

$$I_3 = U_{ab}/3 = 18/3 = 6 \text{（A）}$$

【例 2-8】　电路如图 2-17 所示。已知：$E_1 = 50$ V、$E_2 = 30$ V、$I_{S_1} = 7$ A、$I_{S_2} = 2$ A、$R_1 = 2$ Ω、$R_2 = 3$ Ω、$R_3 = 5$ Ω。试求各电源元件的功率。

解　（1）求节点电压

$$U_{ab} = \frac{\dfrac{U_{S1}}{R_1} - \dfrac{U_{S2}}{R_2} + I_{S1} - I_{S2}}{\dfrac{1}{R_1} + \dfrac{1}{R_2}}$$

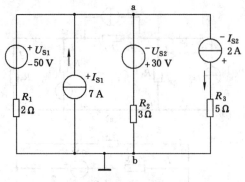

图 2-17 例 2-8 电路图

$$U_{ab} = \frac{\frac{50}{2} - \frac{30}{3} + 7 - 2}{\frac{1}{2} + \frac{1}{3}} = 24 \; (V)$$

注意:恒流源支路的电阻 R_3 不应出现在分母中。

$$I_2 = \frac{U_{S2} + U_{ab}}{R_2} = \frac{30 + 24}{3} = 18 \; (A)$$

（2）应用欧姆定律求各电压源电流

$$I_1 = \frac{50 - 24}{2} = 13 \; (A)$$

$$I_1 = \frac{E_1 - U_{ab}}{R_1}$$

（3）求各电源元件的功率

$$PU_{S1} = U_{S1} I_1 = 50 \times 13 = 650 \; (W)$$

（因电流 I_1 从 E_1 的"+"端流出,所以发出功率）

$$PU_{S2} = U_{S2} I_2 = 30 \times 18 = 540 \; (W) （发出功率）$$

$$PI_1 = UI_1 I_{S1} = U_{ab} I_{S1} = 24 \times 7 = 168 \; (W) （发出功率）$$

$$PI_2 = UI_2 I_{S2} = (U_{ab} - I_{S2} R_3) I_{S2} = 14 \times 2 = 28 \; (W)$$

（因电流 I_{S_2} 从 UI_2 的"－"端流出,所以是取用功率）

2.2.4 注意事项

（1）若电阻与电流源串联并且在同一条支路,则此电阻为多余元件。

（2）电路中含有一个无伴电压源或者多个无伴电压源但它们的一端在同一点上,那么常选择电压源的一端(公共端)为参考节点,则另一端为电压源的电压,不必再对该节点列节点方程。

（3）受控源不能单独作用于电路中,但当电路中有独立源时,若考虑独立源对受控源的影响,那么受控源可像独立源一样使用,也就是具有一般电源的性质。

2.3　网络定理分析法

2.3.1　二端网络的概念

（1）二端网络：具有两个出线端的部分电路。

（2）无源二端网络：二端网络中没有电源，如图 2-18 所示的虚线框部分。

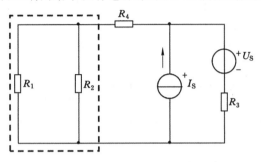

图 2-18　无源二端网络

（3）有源二端网络：二端网络中含有电源，如图 2-19 所示的虚线框部分。

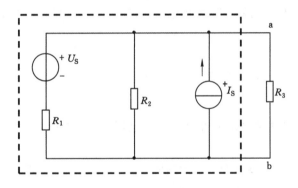

图 2-19　有源二端网络

2.3.2　戴维宁定理

任何一个有源二端线性网络都可以用一个电动势为 E 的理想电压源和内阻 R_0 串联的电源来等效代替，等效电源的电动势 E 就是有源二端网络的开路电压 U_0，即将负载断开后 a、b 两端之间的电压。

等效电源的内阻 R_0 等于有源二端网络中所有电源均除去（理想电压源短路，理想电流源开路）后所得到的无源二端网络 a、b 两端之间的等效电阻。

注意："等效"是指对端口外等效，即用等效电源替代原来的二端网络后，待求支路的电压、电流不变。

【例 2-9】　电路如图 2-20 所示，已知 $U_{S1}=40\ \text{V}$，$U_{S2}=20\ \text{V}$，$R_1=R_2=4\ \Omega$，$R_3=13\ \Omega$，试用戴维宁定理求电流 I_3。

解　（1）断开待求支路求等效电源的电动势 E，其电路图如图 2-21 所示。

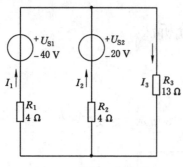

图 2-20　例 2-9 电路图

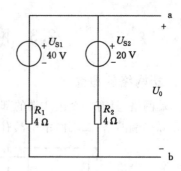

图 2-21　等效电源求解电路图

$$I = \frac{U_{S1} - U_{S2}}{R_1 + R_2} = \frac{40 - 20}{4 + 4} = 2.5 \text{ A}$$

$$E = U_0 = U_{S2} + IR_2 = 20 + 2.5 \times 4 = 30 \text{ V}$$

或：

$$E = U_0 = U_{S1} R_1 = 4 - 2.5 \times 4 = 30 \text{ V}$$

E 也可用节点电压法、叠加原理等其他方法求。

（2）求等效电源的内阻 R_0

除去所有电源（理想电压源短路、理想电流源开路）从 a、b 两端看进去，R_1 和 R_2 并联，所以

$$R_0 = R_1 \times R_2 / (R_1 + R_2) = 2 \text{ } \Omega$$

（3）求电流 I_3

$$I_3 = E / (R_0 + R_3) = 30 / (2 + 13) = 2 \text{ A}$$

2.3.3　诺顿定理

任何一个有源二端线性网络都可以用一个电流为 I_S 的理想电流源和内阻 R_0 并联的电源来等效代替。

等效电源的电流 I_S 就是有源二端网络的短路电流，即将 a、b 两端短接后其中的电流。

等效电源的内阻 R_0 等于有源二端网络中所有电源均除去（理想电压源短路，理想电流源开路）后所得到的无源二端网络 a、b 两端之间的等效电阻。

【例 2-10】　电路如图 2-22 所示。已知：$R_1 = 5$ Ω、$R_2 = 5$ Ω、$R_3 = 10$ Ω、$R_4 = 5$ Ω、$U_S = 12$ V、$R_G = 10$ Ω。试用诺顿定理求检流计中的电流 I_G。

解　（1）求短路电流 I_S

因 a、b 两点短接，所以对电源 U_S 而言，R_1 和 R_3 并联，R_2 和 R_4 并联，然后再串联 $R = (R_1 // R_3) + (R_2 // R_4) = 5.8$ Ω

$$I = \frac{U_S}{R} = \frac{12}{5.8} = 2.07 \text{ A}$$

$$I_1 = \frac{R_3}{R_1 + R_3} I = \frac{10}{10 + 5} \times 2.07 = 1.38 \text{ A}$$

$$I_2 = I_4 = \frac{1}{2} I = 1.035 \text{ A}$$

$$I_S = I_1 - I_2 = 1.38 - 1.035 = 0.345 \text{ A}$$

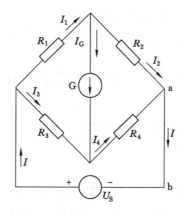

图 2-22　例 2-10 电路图

或：
$$I_S = I_4 - I_3$$

（2）求等效电源的内阻 R_0
$$R_0 = (R_1 // R_2) + (R_3 // R_4) = 5.8\ \Omega$$

（3）求检流计中的电流 I_G
$$I_G = \frac{R_0}{R_0 + R_G} I_S$$
$$= \frac{5.8}{5.8 + 10} \times 0.345 = 0.126\ \text{A}$$

2.3.4　最大功率传输

负载 R_L 获得的功率为 $P_L = (U_{OC}/(R_L + R_0))^2 \times R_L$。什么情况下负载获得的功率的最大呢？

由高等数学可知，最大功率应发生在 $\mathrm{d}P_L/\mathrm{d}R_L = 0$，且 $\mathrm{d}^2 P_L/\mathrm{d}^2 R_L < 0$ 时，负载获得最大功率的条件是：$R_L = R_0$，其最大功率是 $P_{\max} = 4U_{OC}^2/4R_0$，$R_L = R_0$ 常称为最大功率匹配条件。

【例 2-11】　电路图如图 2-23 所示，R 为可调电阻，R 取何值时，它能获得最大功率？求此最大功率。

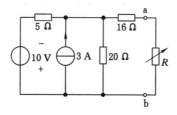

图 2-23　例 2-11 电路图

解　先求 ab 端左侧电路的戴维宁等效电路。

由叠加定理，可直接写出 ab 端的开路电压为
$$U_{OC} = -(20/25) \times 10 + (20 \times 5/(20 + 5)) \times 3 = 4\ \text{V}$$

ab 端除源后的等效电阻：$R_0 = 16 + 5 || 20 = 20\ \Omega$

$R=20\ \Omega$ 时，能获得最大功率，最大功率为

$$P_{\max}=4U_{OC}^2/4R_0=64/(4\times20)=0.8\ (\text{W})$$

2.4 一阶动态电路分析

2.4.1 动态电路的过渡过程和初始条件

2.4.1.1 电路中产生暂态过程的原因

（1）电阻电路

电阻电路图如图 2-24 所示，合上开关 S 前，$i=0$，$u_{R2}=u_{R3}=0$；合上开关 S 后，电流 i 随电压 u 成比例变化。所以电阻电路不存在暂态过程（R 是耗能元件）。

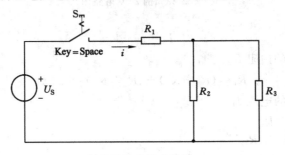

图 2-24　电阻电路图

（2）电容电路

电容电路如图 2-25 所示。合 S 前，$i_C=0$，$u_C=0$；合 S 后，u_c 由零逐渐增加到 U。所以电容电路存在暂态过程。

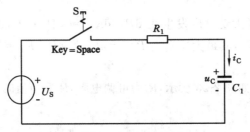

图 2-25　电容电路

2.4.1.2 产生暂态过程的必要条件

（1）电路中含有储能元件（内因）。

（2）电路发生换路（外因）。

换路：是指电路状态的改变。如：电路接通、切断、短路、电压的改变等。

2.4.1.3 产生暂态过程的原因

暂态过程是由于元件所具有的能量不能跃变而造成，在换路瞬间储能元件的能量也不能跃变。

　　$\because C$ 储能：$W_C=1/2Cu_C^2$　$\therefore u_C$ 不能突变，

　　$\because L$ 储能：$W_L=1/2Li_L^2$　$\therefore i_L$ 不能突变。

2.4.2　换路定则与初始值的确定

2.4.2.1　换路定则

设：$t=0$ 表示换路瞬间（定为计时起点），$t=0_-$ 表示换路前的瞬间，$t=0_+$ 表示换路后的瞬间（初始值），则有

电感电路：$i_L(0_+)=i_L(0_-)$；

电容电路：$u_C(0_+)=u_C(0_-)$；

注：换路定则仅用于换路瞬间来确定暂态过程中 u_C、i_L 初始值。

2.4.2.2　初始值的确定

初始值：电路中各 u、i 在 $t=0_+$ 时的数值。

求解要点：

（1）$u_C(0_+)$、$i_L(0_+)$ 的求法。

① 先由 $t=0_-$ 的电路求出 $u_C(0_-)$、$i_L(0_-)$；

② 根据换路定律求出 $u_C(0_+)$、$i_L(0_+)$。

（2）其他电量初始值的求法。

① 由 $t=0_+$ 的电路求其他电量的初始值；

② 在 $t=0_+$ 时的电压方程中 $u_C=u_C(0_+)$；

$t=0_+$ 时的电流方程中 $i_L=i_L(0_+)$。

【例 2-12】　电路图如图 2-26 所示。已知：换路前电路处稳态，C、L 均未储能。试求：电路中各电压和电流的初始值。

解　（1）由换路前电路求：$u_C(0_-)=0$，$i_L(0_-)=0$，由已知条件知 $u_C(0_+)=u_C(0_-)=0$，根据换路定则得：$i_L(0_+)=i_L(0_-)=0$。

（2）由 $t=0_+$ 电路，求其余各电流、电压的初始值。

$t=0_+$ 电路图如图 2-27 所示，由电路图得：

$$i_{C_1}(0_+)=i_1(0_+)=\frac{U}{R},\quad (i_{C1}(0_-)=0,U_L(0_-)=0)$$

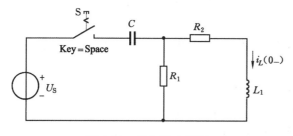

图 2-26　例 2-12 电路图

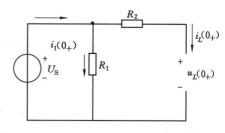

图 2-27　$t=0_+$ 电路图

换路瞬间，电容元件可视为短路，则有

$$U_L(0_+)=u_1(0_+)=U,\quad U_L(0_+)=0$$

【例 2-13】　电路图如图 2-28 所示，换路前电路处于稳态。试求图示电路中各个电压和电流的初始值。

解　（1）由 $t=0_-$ 电路求 $u_C(0_-)$、$i_L(0_-)$

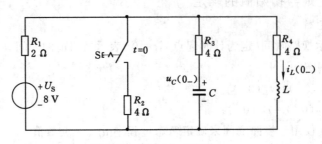

图 2-28 例 2-13 电路图

$u_C(0_-)=R_3 i_L(0_-)=4\times 1=4$ V，换路前电路已处于稳态；电容元件视为开路；电感元件视为短路。

(2) $i_L(0_-)=1$ A

由换路定则，有

$$i_L(0_+)=i_L(0_-)=1 \text{ A}$$
$$u_C(0_+)=u_C(0_-)=4 \text{ V}$$

(3) 由 $t=0_+$ 电路求 $i_C(0_+)$、$u_L(0_+)$

$t=0_+$ 的电路图如图 2-29 所示，由图可列出：

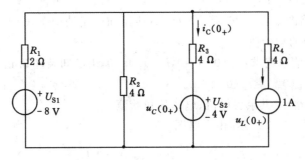

图 2-29 例 2-13 $t=0_+$ 电路图

$$U=R_1 i(0_+)+R_2 i_C(0_+)+u_C(0_+)$$
$$i(0_+)=i_C(0_+)+i_L(0_+)$$
$$8=2i(0_+)+4i_C(0_+)+4$$
$$i(0_+)=i_C(0_+)+1$$

解之得：
$$i_C(0_+)=1/3 \text{ A}$$

并可求出

$$u_L(0_+)=R_2 i_C(0_+)+u_C(0_+)-R_3 i_L(0_+)=4\times\frac{1}{3}+4-4\times 1=1\frac{1}{3}\text{V}$$

2.4.2.3 结论

(1) 换路瞬间，u_C、i_L 不能跃变，但其他电量均可以跃变。

(2) 换路前，若储能元件没有储能，换路瞬间（$t=0_+$ 的等效电路中），可视电容元件短路，电感元件开路。

（3）换路前，若 $u_C(0_-) \neq 0$，换路瞬间（$t=0_+$ 等效电路中），电容元件可用一理想电压源替代，其电压为 $u_C(0_+)$；换路前，若 $i_L(0_-) \neq 0$，在 $t=0_+$ 等效电路中，电感元件可用一理想电流源替代，其电流为 $i_L(0_+)$。

2.4.3　一阶动态电路的分析方法

2.4.3.1　一阶电路

仅含一个储能元件或可等效为一个储能元件且由一阶微分方程描述的线性电路，称为一阶线性电路。

2.4.3.2　求解方法

（1）经典法：根据激励（电源电压或电流），通过求解电路的微分方程得出电路的响应（电压和电流）；

（2）三要素法：求初始值、稳态值和时间常数。

2.4.3.3　三要素法

在直流电源激励的情况下，一阶线性电路微分方程解的通用表达式：

$$f(t) = f(\infty) + [f(0_+) - f(\infty)]e^{-t/\tau}$$

式中，$f(t)$ 代表一阶电路中任一电压、电流函数。

利用求初始值 $f(0_+)$、稳态值 $f(\infty)$、时间常数 τ 三要素的方法求解暂态过程，称为三要素法。

一阶电路都可以应用三要素法求解，在求得 $f(0_+)$、$f(\infty)$ 和 τ 的基础上，可直接写出电路的响应（电压或电流）

2.4.3.4　三要素法求解暂态过程的要点

（1）求初始值、稳态值、时间常数；

（2）将求得的三要素结果代入暂态过程通用表达式；

（3）画出暂态电路电压、电流随时间变化的曲线响应中"三要素"的确定；

（4）稳态值 $f(\infty)$ 的计算。

求换路后电路中的电压和电流 ，其中电容 C 视为开路，电感 L 视为短路，即求解直流电阻性电路中的电压和电流。

$$u_C(\infty) = \frac{10}{5+5} \times 5 = 5 \text{ (V)}$$

【例 2-14】　电路图如图 2-30 所示，求 $u_C(\infty)$。

解

$$u_C(\infty) = \frac{10}{5+5} \times 5 = 5 \text{ (V)}$$

【例 2-15】　电路图如图 2-31 所示，求 $i_L(\infty)$。

解　$i_L(\infty) = 6 \times \dfrac{6}{6+6} = 3 \text{ mA}$

（5）初始值 $f(0_+)$ 的计算

① 由 $t=0_-$ 电路求 $u_C(0_-)$、$i_L(0_-)$；

② 根据换路定则求出 $i_L(0_+) = i_L(0_-)$ 和 $u_C(0_+) = u_C(0_-)$；

③ 由 $t=0_+$ 时的电路，求所需其他各量的 $u_C(0_+)$ 或 $i_L(0_+)$。

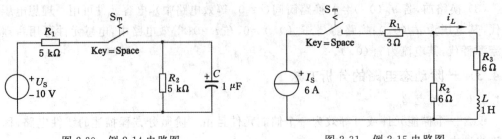

图 2-30　例 2-14 电路图　　　　　　　图 2-31　例 2-15 电路图

注意: 在换路瞬间 $t=(0_+)$ 的等效电路中,若 $u_C(0_-)=U_0\neq0$ 电容元件用恒压源代替,其值等于 U_0;若 $u_C(0_-)=0$,电容元件视为短路;若 $I_L(0_-)=I_0\neq0$ 电感元件用恒流源代替,其值等于 I_0;若 $I_L(0_-)=0$,电感元件视为开路。若不画 $t=(0_+)$ 的等效电路,则在所列 $t=0_+$ 时的方程中应有:

$$u_C=u_C(0_+) 、 i_L=i_L(0_+)$$

(6) 时间常数 τ 的计算

对于一阶 RC 电路

$$\tau=R_0C$$

对于一阶 RL 电路

$$\tau=\frac{L}{R_0}$$

① 对于简单的一阶电路 $R_0=R$;

② 对于较复杂的一阶电路,R_0 为换路后的电路除去电源和储能元件后,在储能元件两端所求得的无源二端网络的等效电阻。

【例 2-16】　电路如图 2-32 所示,$t=0$ 时合上开关 S,合 S 前电路已处于稳态。试求电容电压 u_C 和电流 i_2、i_C。

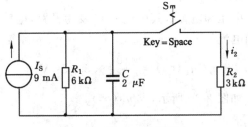

图 2-32　例 2-16 电路图

解 (1) 确定初始值 $u_C(0_+)$

$t=0_-$ 的电路如图 2-33 所示,由 $t=0_-$ 电路可求得 $u_C(0_-)=54$ V。

由换路定则　　　　　　　$u_C(0_+)=u_C(0_-)=54$ V

(2) 确定稳态值 $u_C(\infty)$

$t=\infty$ 的电路如图 2-34 所示,由换路后电路求稳态值 $u_C(\infty)$

$$u_C(\infty)=9\times10^{-3}\times\frac{6\times3}{6+3}\times10^3=18 \text{ V}$$

(3) 由换路后电路求时间常数 τ

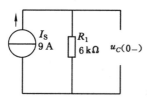

图 2-33　$t=0_-$ 电路图

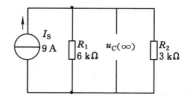

图 2-34　$t=\infty$ 的电路图

$$\tau=R_0C=\frac{6\times3}{6+3}\times10^3\times2\times10^{-6}=4\times10^{-3}\,\text{s}$$

$$\therefore u_C=18+(54-18)\text{e}^{-\frac{t}{4\times10^{-3}}}=18+36\text{e}^{-250t}\,\text{V}$$

$$i_C=C\frac{\text{d}u_C(t)}{\text{d}t}=2\times10^{-6}\times36\times(-250)\text{e}^{-250t}$$

$$=-0.018\text{e}^{-250t}\,\text{A}$$

$$i_2(t)=\frac{u_C(t)}{3\times10^3}=6+12\text{e}^{-250t}\,\text{mA}$$

【例 2-17】　电路如图 2-35 所示,开关 S 闭合前电路已处于稳态。$t=0$ 时 S 闭合,试求:
$t\geq0$ 时电容电压 u_C 和电流 i_C、i_1 和 i_2。

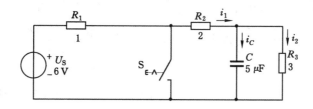

图 2-35　例 2-17 电路图

(1) 求初始值 $u_C(0_+)$

由 $t=0_-$ 时电路

$$u_C(0_-)=\frac{6}{1+2+3}\times3=3\,\text{V}$$

又有,$u_C(0_+)=u_C(0_-)=3\,\text{V}$

(2) 求稳态值

稳态时,$u_C(\infty)=0$

(3) 求时间常数

$$\tau=R_0C=\frac{2\times3}{2+3}\times5\times10^{-6}=6\times10^{-6}\,\text{s}$$

$$\therefore u_C(t)=u_C(\infty)+[u_C(0_+)-u_C(\infty)]U\text{e}^{-\frac{t}{\tau}}=0+3\text{e}^{-\frac{10^6}{6}t}=3\text{e}^{-1.7\times10^5t}\,\text{V}$$

$$i_C(t)=C\frac{\text{d}u_C(t)}{\text{d}t}=-2.5\text{e}^{-1.7\times10^5t}\,\text{A}$$

$$i_2(t)=\frac{u_C(t)}{3}=\text{e}^{-1.7\times10^5t}\,\text{A}$$

$$i_1(t)=i_2+i_C=\text{e}^{-1.7\times10^5t}-2.5\text{e}^{-1.7\times10^5t}=-1.5\text{e}^{-1.7\times10^5t}\,\text{A}$$

习　题

1. 电路如图 2-36 所示,则电路中 R 为多少欧姆时,其功率最大?

2. 电路如图 2-37 所示,则电路中的电流为多少安培?

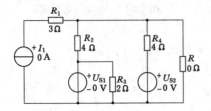

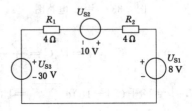

图 2-36　习题 1 图　　　　　　　　　　　图 2-37　习题 1 图

3. 电路如图 2-38 所示,则电路中 4 Ω 电阻的电流为多少安培?

4. 电路如图 2-39 所示,求电流 I?

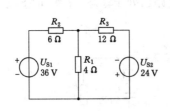

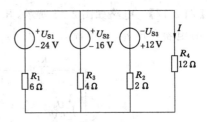

图 2-38　习题 3 图　　　　　　　　　　　图 2-39　习题 4 图

5. 电路图如图 2-40 所示,则电流 I_2 的值为多少安培?

6. 电路图如图 2-41 所示,已知 a、b 两点间电压为 8 V,求支路电路 I_1、I_2、I_3 和电压 U。

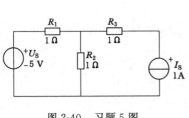

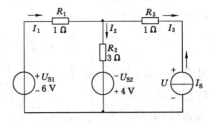

图 2-40　习题 5 图　　　　　　　　　　　图 2-41　习题 6 图

7. 理想电压源与理想电流源之间可以等效变换吗? 电压源模型与电流源模型对于内部是否等效?

8. 电路图如图 2-42 所示,其能等效成一个电压源与电阻串联的形式,则等效后的电阻值是多少欧姆?

9. 用电源等效变换的方法计算如图 2-43 所示的电路中的 I_1 和 I_2。

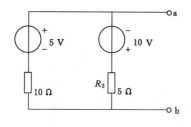

图 2-42　习题 8 图

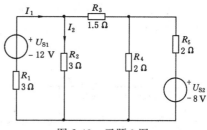

图 2-43　习题 9 图

10. 电路图如图 2-44 所示,写出节点电压方程(不用求解)。

11. 电路图如图 2-45 所示,已知 $R_1=3\ \Omega, R_2=6\ \Omega, R_3=6\ \Omega, R_4=2\ \Omega, I_{S1}=3$ A, U_{S2} $=12$ V, $U_{S4}=10$ V,写出此电路图的节点电压方程(只列出方程,不用求解)。

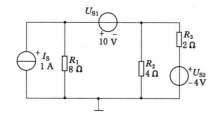

图 2-44　习题 10 图

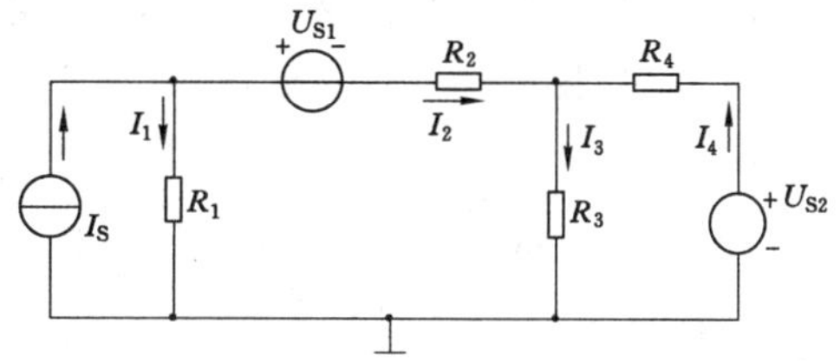

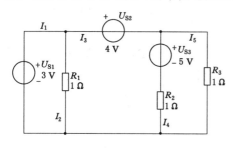

图 2-45　习题 11 图

12. 电路如图 2-46 所示,计算各支路电流。

13. 电路如图 2-47 所示,用节点电压法求支路电流 I。

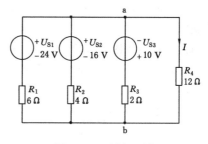

图 2-46　习题 12 图

图 2-47　习题 13 图

14. 用节点电压法求如图 2-48 所示电路中的 V_a 和 V_b。

15. 电路图如图 2-49 所示,当 $R=3\ \Omega$ 时, $I=2$ A。求当 $R=8\ \Omega$ 时, I 等于多少?

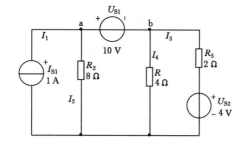

图 2-48　习题 14 图

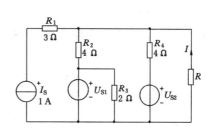

图 2-49　习题 15 图

16. 用戴维宁定理计算如图 2-50 所示电路中的电流 I。

17. 电路图如图 2-51 所示,用戴维宁定理求电路中的电流 I。

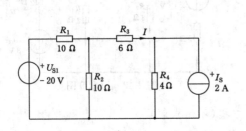

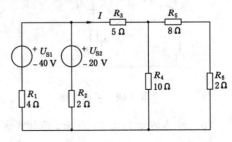

图 2-50　习题 16 图

图 2-51　习题 17 图

18. 电路图如图 2-52 所示,当 R_L 为何值时可获得最大功率? 最大功率是多少?

19. 电路图如图 2-53 所示,$t=0$ 时开关 S 闭合,则该电路的时间常数 τ 的表达式是什么?

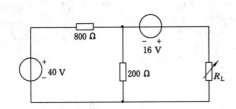

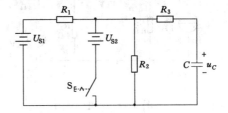

图 2-52　习题 18 图

图 2-53　习题 19 图

20. 电路图如图 2-54 所示,电路原已稳定,$t=0$ 时开关 S 断开,则电容电压的初始值是多少伏?

21. 电路图如图 2-55 所示,已知 $U_s=20\text{ V}$,$R_1=R_2=1\text{ k}\Omega$,$C=0.5\ \mu\text{F}$,开关闭合后处于稳态。$t=0$ 时 S 打开,则 S 打开后 $U_C(\infty)$ 为多少伏?

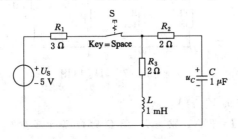

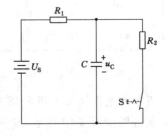

图 2-54　习题 20 图

图 2-55　习题 21 图

22. 电路图如图 2-56 所示,开关 S 断开前电路已稳定。求 S 断开后 R、L、C 的电流、电压初始值和稳态值。

23. 电路图如图 2-57 所示,电路原已稳定,$C=10\ \mu\text{F}$。开关 S 在 $t=0$ 时闭合,求换路后的电压 $u_C(t)$。

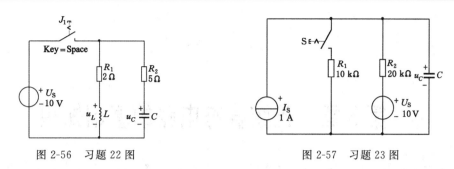

图 2-56　习题 22 图　　　　　　　　图 2-57　习题 23 图

24. 电路图如图 2-58 所示,计算 $t>0$ 时的电容电压 $u_C(t)$。

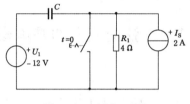

图 2-58　习题 24 图

第3章 正弦稳态电路的基础知识

本章主要讲解正弦交流电的基本概念、正弦交流电路分析和三相交流电等知识。其重点内容和难点内容是正弦交流电路的分析。

3.1 正弦交流电的基本概念

3.1.1 正弦量

随时间按正弦规律做周期变化的量称为正弦量。

3.1.2 正弦交流电的优越性

(1) 便于传输；

(2) 易于变换；

(3) 便于运算；

(4) 有利于电气设备的运行。

3.1.3 正弦量的三要素

设正弦交流电流： $i = I_m \sin(\omega t + \psi)$

(1) 初相角：决定正弦量起始位置，即 ψ；

(2) 角频率：决定正弦量变化快慢，即 ω；

(3) 幅值：决定正弦量的大小，而 I_m。

幅值、角频率、初相角构成正弦量的三要素。

3.1.4 频率与周期

(1) 周期 T：变化一周所需的时间；

(2) 频率 f：$f = 1/T$；

(3) 角频率。

$$\omega = \frac{2\pi}{T} = 2\pi f$$

3.1.5 幅值与有效值

3.1.5.1 有效值

与交流热效应相等的直流值定义为交流电的有效值。

$$U = \frac{U_m}{\sqrt{2}}$$

$$I = \frac{I_m}{\sqrt{2}}$$

3.1.5.2　注意事项

（1）交流电压、电流表测量数据为有效值；

（2）交流设备铭牌标注的电压、电流均为有效值。

3.1.6　初相位与相位差

3.1.6.1　相位

反映正弦量变化的进程：$\omega t + \psi$。

3.1.6.2　初相位

表示正弦量在 $t = 0$ 时的相位角，ψ 给出了观察正弦波的起点或参考点。

3.1.6.3　相位差 φ

φ 表示两同频率的正弦量之间的相位之差，如有

$$u = U_m \sin(\omega t + \psi_1)$$
$$i = I_m \sin(\omega t + \psi_2)$$
$$\varphi = (\omega t + \psi_1) - (\omega t + \psi_2) = \psi_1 - \psi_2$$

则有

（1）$\varphi > 0$，则电压超前电流；

（2）$\varphi < 0$，则电压滞后电流；

（3）$\varphi = 0$，则电压和电流同相。

3.1.6.4　注意事项

（1）同频率。两同频率的正弦量之间的相位差为常数，与计时的选择起点无关；

（2）同函数。不同频率的正弦量比较无意义；

（3）同符号。两正弦量表达式前的符号要相同。

3.2　单一元件的正弦交流电路分析

3.2.1　电阻元件的正弦交流电路

3.2.1.1　电压与电流的关系

根据欧姆定律：$u = iR$，又有

$$u = U_m \sin \omega t$$

则有
$$i = \frac{u}{R} = \frac{U_m \sin \omega t}{R} = \frac{\sqrt{2}\,U}{R} \sin \omega t = I_m \sin \omega t = \sqrt{2}\,I \sin \omega t$$

3.2.1.2　结论

电阻元件交流电路有以下几个特点：

（1）电压和电流的频率相同；

（2）大小关系：$I = U/R$；

（3）相位关系：u、i 相位相同，即相位差为 0。

3.2.1.3　功率关系

（1）瞬时功率 p

瞬时功率是瞬时电压与瞬时电流的乘积。

$$i = \sqrt{2}\, I \sin \omega t$$

$$u = \sqrt{2}\, U \sin \omega t$$

$$p = u \cdot i = U_m I_m \sin^2 \omega t = \frac{1}{2} U_m I_m (1 - \cos 2\omega t)$$

结论：$p > 0$（是耗能元件），且随时间变化。

（2）平均功率（有功功率）P

平均功率是指瞬时功率在一个周期内的平均值。

$$P = \frac{1}{T} \int_0^T p\,\mathrm{d}t = \frac{1}{T} \int_0^T u \cdot i\,\mathrm{d}t = \frac{1}{T} \int_0^T \frac{1}{2} U_m I_m (1 - \cos 2\omega t)\,\mathrm{d}t = \frac{1}{T} \int_0^T UI(1 - \cos 2\omega t)\,\mathrm{d}t = UI$$

注意：通常铭牌数据或测量的功率均指有功功率。

3.2.2 电感元件的正弦交流电路

3.2.2.1 电压与电流的关系

基本关系式

$$u = -e_L = L\,\frac{\mathrm{d}i}{\mathrm{d}t}$$

$$i = \sqrt{2}\, I \sin \omega t$$

$$u = L\,\frac{\mathrm{d}(I_m \sin \omega t)}{\mathrm{d}t} = \sqrt{2}\, I\omega L \sin(\omega t + 90°)$$

$$= \sqrt{2}\, U \sin(\omega t + 90°)$$

3.2.2.2 结论

电感元件的正弦交流电路有以下几个特点：

（1）电压和电流的频率相同；

（2）$U = I\omega L$；

（3）电压比电流超前电流 90°，相位差为 90°。

3.2.2.3 感抗

$$i = \sqrt{2}\, I \sin \omega t$$

$$u = \sqrt{2}\, I\omega L \cdot \sin(\omega t + 90°)$$

$$U = I \cdot \omega L$$

有效值：$\qquad\qquad I = U/\omega L$

则定义 $X_L = \omega L = 2\pi f L$ 为感抗。

3.2.2.4 感抗特点

（1）直流时：$f = 0$，$X_L = 0$，电感 L 视为短路；

（2）交流时：感抗的大小与频率的大小成正比；

（3）电感 L 具有通直阻交的作用。

3.2.2.5 功率关系

电感元件的正弦交流电路有如下关系：

$i = \sqrt{2}\, I \sin \omega t$，$u = \sqrt{2}\, I\omega L \cdot \sin(\omega t + 90°)$，则：

（1）瞬时功率

$$p = i \cdot u = U_m I_m \sin \omega t \sin(\omega t + 90°) = U_m I_m \sin \omega t \cos \omega t = \frac{U_m I_m}{2} \sin 2\omega t = UI \sin 2\omega t$$

（2）平均功率

$$P = \frac{1}{T} \int_0^T p \, dt = \frac{1}{T} \int_0^T UI \sin(2\omega t) \, dt = 0$$

（3）无功功率 Q

用无功率 Q 用来衡量电感电路中能量交换的规模。用瞬时功率达到的最大值表征，即

$$Q = UI = I^2 X_L = \frac{U^2}{X_L}$$

【例 3-1】 把一个 0.1 H 的电感接到 $f = 50$ Hz、$U = 10$ V 的正弦电源上，求 I，如保持 U 不变，而电源 $f = 5\,000$ Hz 时，I 为多少？

（1）当 $f = 5\,000$ Hz 时

$$X_L = 2\pi f L = 2 \times 3.14 \times 50 \times 0.1 = 31.4 \ \Omega$$

$$I = \frac{U}{X_L} = \frac{10}{31.4} = 318 \ \text{mA}$$

（2）当 $f = 5\,000$ Hz 时

$$X_L = 2\pi f L = 2 \times 3.14 \times 5\,000 \times 0.1 = 3\,140 \ \Omega$$

$$I = \frac{U}{X_L} = \frac{10}{3\,140} = 3.18 \ \text{mA}$$

所以电感元件具有通低频阻高频的特性。

3.2.3 电容元件的正弦交流电路

3.2.3.1 电流与电压的关系
基本关系式：

$$u = \sqrt{2} U \sin \omega t$$

$$i = C \frac{du}{dt} = \sqrt{2} U \omega C \cos \omega t = \sqrt{2} U \omega C \sin(\omega t + 90°)$$

3.2.3.2 结论
电容元件的正弦交流电路的电压和电流有如下关系：

（1）电流和电压的频率相同；

（2）$I = U \omega C$；

（3）电流相位超前电压相位 90°，即

$$\varphi = \Psi_u - \Psi_i = -90°$$

3.2.3.3 容抗

$$u = \sqrt{2} U \sin \omega t$$

$$i = \sqrt{2} U \omega C \cdot \sin(\omega t + 90°)$$

有效值：

$$I = U \cdot \omega C$$

则定义：

$$X_C = \frac{1}{\omega C} = \frac{1}{2\pi f C}$$

为容抗,单位为欧姆,Ω。

3.2.3.4　容抗特点

(1) 直流时:电容 C 视为开路;

(2) 交流时:容抗与频率成反比;

(3) 电容 C 具有隔直通交的作用。

3.2.3.5　功率关系

电容元件的正弦交流电路的电压和电流有如下关系:

$u = \sqrt{2}U\sin\omega t, i = \sqrt{2}U\omega C \cdot \sin(\omega t + 90°)$,则有:

(1) 瞬时功率

$$p = i \cdot u = U_m I_m \sin\omega t \sin(\omega t + 90°) = \frac{U_m I_m}{2}\sin 2\omega t = UI\sin 2\omega t$$

(2) 平均功率 P

$$P = \frac{1}{T}\int_0^T p\,\mathrm{d}t = \frac{1}{T}\int_0^T UI\sin(2\omega t)\,\mathrm{d}t = 0$$

(3) 无功功率 Q

为了与电感电路的无功功率相比较,这里也设

$$i = \sqrt{2}I\sin\omega t$$

$$u = \sqrt{2}U\sin(\omega t - 90°)$$

所以　　　　　　　　　　　$p = -UI\sin 2\omega t$

同理,无功功率等于瞬时功率达到的最大值。

$$Q = -UI = -I^2 X_C = -\frac{U^2}{X_C}$$

3.3　三相交流电路

3.3.1　三相交流电路

三相交流电路是指由三个频率相同、振幅相等、相位互差 120°的交流电路组成的电系统。

3.3.2　三相交流电路的接线方式

3.3.2.1　星形接法

星形接法是指将各相电源或负载的一端都接在一点上,而它们的另一端作为引出线,分别为三相电的三条相线。对于星形接法,可以将中点(称为中性点)引出作为中性线,形成三相四线制。也可不引出,形成三相三线制。当然,无论是否有中性线,都可以添加地线,分别成为三相五线制或三相四线制。

星形接法的三相电,当三相负载平衡时,即使连接中性线,其上也没有电流流过。三相负载不平衡时,应当连接中性线,否则各相负载将分压不等。其电路图如图 3-1 所示。

在三相四线制供电时，三相交流电源的三个线圈采用星形（Y 形）接法，即把三个线圈的末端 X、Y、Z 连接在一起，成为三个线圈的公用点，通常称它为中点或零点，并用字母 O 表示。其中，U_L 表示线电压；U_P 表示相电压；I_L 表示线电流或相电流；E_A，E_B，E_C 表示电动势。

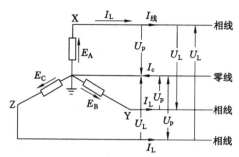

图 3-1　三相交流电的星形接线图

供电时，引出四根线：从中点 O 引出的导线称为中线（中性线），居民供电中称其为零线；从三个线圈的首端引出的三根导线分别称为 A 线、B 线、C 线，统称为相线或火线。在星形接线中，如果中点与大地相连，中线也称为地线，也叫重复接地。我们常见的三相四线制供电设备中引出的四根线，就是三根火线加一根地线。

日常生活中常用的负载，如电灯、电视机、电冰箱、电风扇等家用电器及单相电动机，当它们工作时，将两根导线接到电路中，都属于单相负载。在三相四线制供电时，多个单相负载应尽量均衡地分别接到三相电路中去，而不应把它们集中在三根电路中的一相电路里。如果三相电路中的每一根所接的负载的阻抗和性质都相同，就说三根电路中负载是对称的。

在负载对称的条件下，因为各相电流间的相位彼此相差 120°，所以，在每一时刻流过中线的电流之和为零，如把中线去掉，用三相三线制供电也是可以的。

若是在负载不对称又没有中线的情况下，就形成不对称负载的三相三线制供电。这时，由于负载阻抗的不对称，相电流也不对称，负载相电压也自然不能对称。有的相电压可能超过负载的额定电压，负载可能被损坏（如灯泡过亮烧毁）；有的相电压可能低些，负载不能正常工作（如灯泡暗淡无光）。由于开灯、关灯等原因引起各相负载阻抗变化，相电流和相电压也会随之发生变化，灯光忽暗忽亮，其他用电器也不能正常工作，甚至损坏。

在三相四线制供电线路中，中线起到保证负载相电压对称不变的作用，对于不对称的三相负载电路，其中线不能去掉，也不能在中线上安装保险丝或开关，而且要用机械强度较好的钢线做中线。

3.3.2.2　三角接法

三相交流电路的三角形接法是指将各相电源或负载依次首尾相连，并将每个相连的点引出，作为三相电的三条相线。三角形接法没有中性点，也不可引出中性线，因此只有三相三线制。添加地线后，成为三相四线制。其电路图如图 3-2 所示。其中 U_L 表示线电压或者相电压；I_P 表示相电流；I_L 表示线电流；E_A、E_B、E_C 表示电动势。

3.3.3　三相电压

每根相线（火线）与中性线（零线）间的电压叫相电压，其有效值用 U_A、U_B、U_C 表示；相

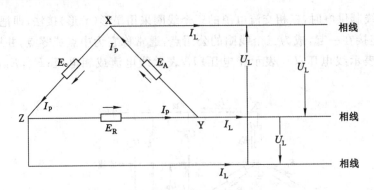

图 3-2　三相交流电的三角形接法图

线间的电压叫线电压,其有效值用 U_{AB}、U_{BC}、U_{CA} 表示。因为三相交流电源的三个线圈产生的交流电压相位相差120°,三个线圈作星形连接时,线电压等于相电压的根号3倍。我们通常讲的电压是 220 V, 380 V,就是三相四线制供电时的相电压和线电压。

3.3.4　电压电流关系

三相电的输电线为三条相线,线上流过的电流称为线电流,而两条相线之间的电压则为线电压;若考虑三相电源或负载,流过任何一相电源或负载的电流称为相电流,任一相电源或负载两端的电压则为相电压。

星形接法的三相电,线电压是相电压的 $\sqrt{3}$ 倍,而线电流等于相电流。

三角形接法的三相电,线电压等于相电压,而线电流等于相电流的 $\sqrt{3}$ 倍。

习　题

1. 设正弦交流电压 $u(t)=150\sin(200\pi t+\pi/6)\,\text{V}$,则幅值为多少伏? 频率为多少赫兹?

2. 正弦交流量的三要素是什么? 分别确定正弦交流量哪些特征?

3. 已知正弦电压的振幅为 100 V, $t=0$ 时的瞬时值为 10 V,周期为 1 ms,则正弦电压的解析式是什么?

4. 已知两电压波形如下:

$$u_1(\text{t})=10\cos(\omega t)$$
$$u_2(\text{t})=10\sin(\omega t+\pi/3)$$

试问 $u_1(t)$ 是超前还是滞后 $u_2(t)$? 超前或滞后的相位是多少?

5. 如果电感元件和电容元件流过的电流为零,它们的电压和存储的能量是否一定为零? 为什么?

6. 设交流正弦电压 $u(t)=150\sin(200\pi t+\pi/6)\,\text{V}$。试求角频率、频率、周期、幅值和有效值。

7. 设某电路中的电流 $i=I_m\sin(\omega t+2\pi/3)\,\text{A}$,当 $t=0$ 时,电路的瞬时值 $i=0.866\,\text{A}$,试求有效值。

8. 三相电源如何作三角形连接? 在这个三角形内部会产生很大的短路电流吗?

9. 三相四线制电源系统的中性线有什么作用？中性线上为何不允许接开关和熔断器？

10. 决定三相负载作何种连接的主要因素是什么？

11. 星形连接的发电机的线电压为 6 300 V,试求相电压？当发电机的绕组连接成三角形时,问发电机的线电压是多少？

12. 某建筑物有三层楼,每一层的照明由三相电源中的一相供电。电源电压为 380/220 V,每层楼装有 220 V、100 W 照明灯 15 只。当三个楼层的照明灯全部亮时,求线电流和中线电流？

第4章　常用半导体器件

本章主要讲解半导体基础知识、二极管的特性及应用、三极管特性及应用等知识。其重点内容是二极管和三极管特性,难点内容为二极管和三极管的应用。

4.1　半导体基础知识

4.1.1　导体、绝缘体和半导体

导体:自然界中很容易导电的物质称为导体,金属一般都是导体。

绝缘体:有的物质几乎不导电,称为绝缘体,如橡皮、陶瓷、塑料和石英。

半导体:另有一类物质的导电特性处于导体和绝缘体之间,称为半导体,如锗、硅、砷化镓和一些硫化物、氧化物等。

4.1.2　半导体

4.1.2.1　半导体的特性

(1) 热敏性:当环境温度升高时,导电能力显著增强(可做成温度敏感元件,如热敏电阻);

(2) 光敏性:当受到光照时,导电能力明显变化(可做成各种光敏元件,如光敏电阻、光敏二极管、光敏三极管等);

(3) 掺杂性:往纯净的半导体中掺入某些杂质,导电能力明显改变(可做成各种不同用途的半导体器件,如二极管、三极管和晶闸管等)。

4.1.2.2　半导体材料

(1) 元素半导体:典型的半导体有硅(Si)和锗(Ge)等;

(2) 化合物半导体:如砷化镓(GaAs)等;

(3) 杂质半导体:如加入硼(B)、磷(P)等的半导体。

4.1.3　本征半导体

4.1.3.1　定义

不含杂质的半导体单晶体。参与导电的电子和空穴数目相等。

4.1.3.2　本征半导体的结构

本征半导体结构如图4-1所示。将硅或锗材料提纯便形成单晶体,它的原子结构为共价键结构。共价键中的两个电子称为束缚电子。

4.1.3.3　本征半导体中的载流子

若温度升高或受到光照,价电子在获得一定能量(温度升高或受光照)后,即可挣脱原子核的束缚,成为自由电子(带负电),同时共价键中留下一个空位,称为空穴(带正电)。

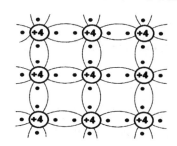

图 4-1　本征半导体结构

自由电子和空穴使本征半导体具有导电能力,但很微弱,当半导体两端加上外电压时,在半导体中将出现两部分电流:

① 自由电子作定向运动形成电子电流;

② 价电子递补空穴形成空穴电流。

自由电子和空穴都称为载流子,自由电子和空穴成对地产生的同时,又不断复合。在一定温度下,载流子的产生和复合达到动态平衡,半导体中载流子便维持一定的数目。

4.1.4　杂质半导体

在本征半导体中掺入微量的杂质(某种元素),形成杂质半导体,杂质半导体有两种:N型半导体和 P 型半导体。

4.1.4.1　N 型半导体

在硅或锗的晶体中掺入少量的 5 价杂质元素,如磷、锑、砷等,即构成 N 型半导体(或称电子型半导体)。

本征半导体掺入 5 价元素后,原来晶体中的某些硅原子将被杂质原子代替。杂质原子最外层有 5 个价电子,其中 4 个与硅构成共价键,多余一个电子只受自身原子核吸引,在室温下即可成为自由电子,即掺杂后自由电子数目大量增加,自由电子导电成为这种半导体的主要导电方式,称为电子半导体或 N 型半导体。

N 型半导体自由电子浓度远大于空穴的浓度,即 N≫P,即在 N 型半导体中,电子称为多数载流子(简称多子);空穴称为少数载流子(简称少子)。

5 价杂质原子称为施主原子。

4.1.4.2　P 型半导体

在硅或锗的晶体中掺入少量的 3 价杂质元素,如硼、镓、铟等,即可构成 P 型半导体。掺杂后空穴数目大量增加,空穴导电成为这种半导体的主要导电方式,称为空穴半导体或 P 型半导体。

P 型半导体的空穴浓度多于电子浓度,即 P≫N,其空穴为多数载流子;电子为少数载流子。

3 价杂质原子称为受主原子。

4.2 半导体二极管

4.2.1 PN 结的形成

在一块半导体单晶上一侧掺杂成为 P 型半导体,另一侧掺杂成为 N 型半导体,两个区域的交界处就形成了一个特殊的薄层,称其为 PN 结。

4.2.2 半导体二极管

在 PN 结上加上引线和封装,就成为一个二极管。

4.2.2.1 半导体二极管的几种常见结构

二极管按结构分有点接触型、面接触型和平面型。

（1）点接触型二极管

点接触型二极管结构图如图 4-2 所示,其 PN 结面积小,结电容小,常用于检波和变频等高频电路中。

（2）面接触型二极管

面接触型二极管结构图如图 4-3 所示。PN 结面积大,用于工频大电流整流电路。

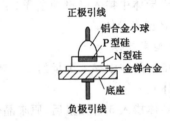

图 4-2　点接触型二极管结构图　　　图 4-3　面接触型二极管结构图

（3）平面型二极管

平面型二极管结构图如图 4-4 所示,其往往用于集成电路制造工艺中。PN 结面积可大可小,常用于高频整流和开关电路中。

4.2.2.2 半导体二极管的符号

二极管符号图如图 4-5 所示。

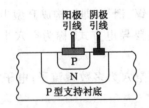

图 4-4　平面型二极管结构图　　　　图 4-5　二极管符号

4.2.3 二极管伏安特性

二极管伏安特性曲线如图 4-6 所示,由曲线得出以下结论。

① 二极管加正向电压(正向偏置,阳极接正、阴极接负)时,二极管处于正向导通状态,

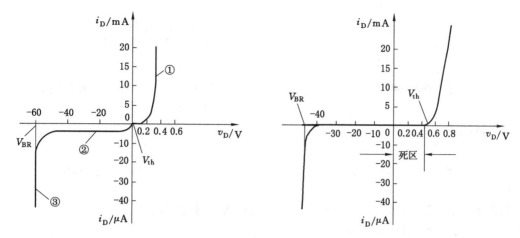

图 4-6　二极管伏安特性曲线

即二极管正向电阻较小,正向电流较大;

② 二极管加反向电压(反向偏置,阳极接负、阴极接正)时,二极管处于反向截止状态,即二极管反向电阻较大,反向电流很小;

③ 外加电压大于反向击穿电压时,二极管被击穿,失去单向导电性。

④ 二极管的反向电流受温度的影响,温度愈高反向电流愈大。

4.2.4　二极管的参数

4.2.4.1　最大整流电流 I_F

最大整流电流是指二极管长时间工作时,允许流过二极管的最大正向平均电流,由 PN 结的结面积和散热条件决定。

4.2.4.2　最大反向工作电压 U_R

最大反向工作电压 U_R 是指二极管加反向电压时为防止击穿所取的安全电压,一般将反向击穿电压的一半定为最大反向工作电压。

4.2.4.3　反向电流 I_R

反向电流 I_R 是指二极管加上最大反向电压时的反向电流。I_R 越小,二极管的单向导电性就越好。

4.2.5　二极管应用

4.2.5.1　信号检测

一般各类电器或者照明灯的电源开关接在火线上,利用一支二极管和氖灯串联在电器电源火线中,用于检测是否通电正常。如果氖灯亮,则表示通电正常;如果氖灯不亮,说明存在元件或线路故障。其电路图如图 4-7 所示。

4.2.5.2　无触点开关

给二极管加上正向电压,相当于开关闭合,即处于通电状态。在实际应用中,为提高开关速度,必须选择合适的二极管,因此,其在自动控制系统广为应用。电路图如图 4-8 所示。

4.2.5.3　延长日光灯的使用寿命

在灯泡回路中串联接入整流二极管,不仅能将灯泡的实际寿命延长几十倍,而且保证灯

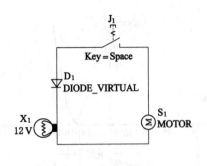
图 4-7 信号检测电路图

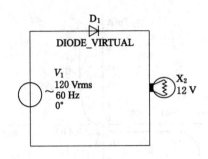
图 4-8 无触点开关电路图

泡照明不闪,又减少更换灯管及维修麻烦。其电路图如图 4-9 所示。

4.2.5.4 日光灯低压低温启动

日光灯对电源、电压、气候、环境温度的影响特别大,尤其在气温低、电压低时,日光灯电流小,灯丝预热慢,造成启动困难,灯光忽明忽暗。在照明线路中串联一个二极管,能起到整流作用,在低压 180 V 或冬季零度以下,几秒之内也能启动。其电路如图 4-10 所示。

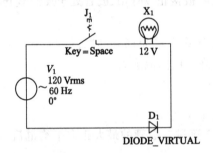
图 4-9 延长日光灯使用寿命电路图

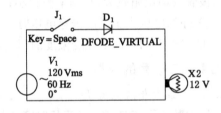
图 4-10 日光灯低压低温启动电路图

4.2.5.5 限幅电路

(1)串联上限限幅

串联上限限幅电路图如图 4-11 所示。当输入正弦信号 $u_i > E$,二极管 D 反向截止,电路的电流为 0,输出电压为限幅电压,即 $u_o = E$(u_o 为负载 R_L 的电压);当输入正弦信号 $U_1 < E$,二极管 D 正向导通,$u_o = u_i$,输出电压与输入正弦电压波形一致。

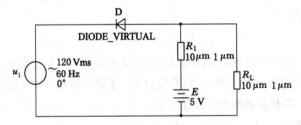
图 4-11 串联上限限幅电路图

在输入信号的负半周,加在二极管两端的电压为 $u_i + E$,二极管 D 正向导通,$u_o = u_i$,输出电压的波形就是输入电压 u_i 负半周的波形。

(2)并联上限限幅

并联上限限幅电路图如图 4-12 所示。当输入正弦信号 $u_i > E$，二极管 D 正向导通，输出电压 $u_o = E$（U_o 为负载 R_L 的电压）；当输入正弦信号 $u_i < E$，二极管 D 反向截止，R_L 两端的输出电压 $u_o = u_i \times R_L / (R_1 + R_L)$。当 $R \ll R_L$ 时，$u_o = u_i$。即此时输出电压波形与输入电压波形相同，输出电压总直流电压 E 开始上限幅，直流电压 E 以上的交流信号被削掉，发生上限幅。

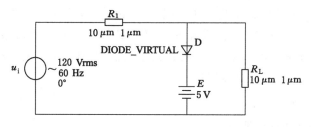

图 4-12　并联上限限幅电路图

（3）串联下限限幅

串联下限限幅电路图如图 4-13 所示。当输入正弦信号 $u_i > E$，二极管 D 正向导通，输出电压 $u_o = u_i$（u_o 为负载 R_L 的电压），输出波形与输入正弦波形一致；当输入正弦信号 $u_i < E$，二极管 D 反向截止，电路中电路为 0，输出电压为限幅电压 E，即 $u_o = E$，直流电压 E 以下的交流信号被削掉，产生下限限幅。

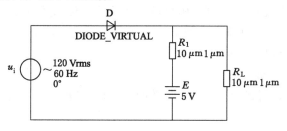

图 4-13　串联下限限幅电路图

（4）并联下限限幅

并联下限限幅电路图如图 4-14 所示。当输入正弦信号 $u_i < E$，二极管 D 正向导通，输出电压 $u_o = E$（U_o 为负载 R_L 的电压）；当输入正弦信号 $u_i > E$，二极管 D 反向截止，R_L 两端的输出电压 $u_o = u_i \times R_L / (R_1 + R_L)$。当 $R_1 \ll R_L$ 时，$u_o = u_i$，此时，输出电压波形与输入电压波形相同，输出电压总直流电压 E 开始下限幅，直流电压 E 以下的交流信号被削掉，产生下限幅。

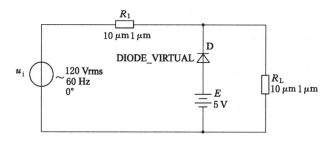

图 4-14　并联下限限幅电路图

（5）限幅电路总结

① 串联限幅：二极管正接时，发生负向限幅（又称下限限幅或反限幅），二极管反接时发生正向限幅（又称上限限幅或正向限幅），二极管接法决定限幅方向；发生限幅的起点是直流限幅电平 E，它决定限幅幅度的大小，可知直流电平是 E，就从 E 发生限幅，若直流电平是 $-E$，就从 $-E$ 发生限幅，若直流电平为 0 的就从 0 发生限幅；

② 并联限幅：二极管正接时，发生正向限幅（又称上限限幅），二极管反接时发生负向限幅（又称下限限幅），二极管接法决定限幅方向；发生限幅的起点是直流限幅电平 E，它决定限幅幅度的大小，可知直流电平是 E，就从 E 发生限幅，若直流电平是 $-E$，就从 $-E$ 发生限幅，若直流电平为 0 的就从 0 发生限幅。

4.2.6 二极管的测试

4.2.6.1 正常二极管测试结果

红表笔接正极、黑表笔接负极，测试正向电压，电压表读数在 0.5~0.9 V 之间；反向测试，电压表读数为电压表内部电压源的电压值，为 2.5~3.5 V（一般为 2.6 V）。

4.2.6.2 损坏二极管测试结果

（1）若二极管已经损坏呈开路时，在正偏和反偏下，电压表读数为 2.6 V，或者直接显示"OL"；

（2）二极管损坏呈短路时，电压表在正偏和反偏为 0 V；

（3）在两种偏压状态下，都呈现小阻抗而不是纯短路时，电压表会显示比正常开路电压值小很多的电压值。例如呈电阻性二极管在两种偏压下会呈现 1.1 V 电压值，不像正常情况下，正偏为 0.7 V，反偏为 2.6 V。

4.2.6.3 用欧姆挡测试结果

（1）二极管正偏时，测试为几百~几千欧姆，锗材料二极管正向电阻值为 1 kΩ 左右，硅材料二极管电阻值为 5 kΩ 左右；

（2）二极管反偏时，测试为"OL"；

（3）若测得二极管正、反向电阻值接近于 0 或电阻值较小时，说明二极管内部已经击穿短路或漏电损坏；若正、反向电阻值均为无穷大，则说明二极管已经开路损坏。

4.2.7 特殊二极管

4.2.7.1 稳压二极管

可利用二极管反向击穿特性实现稳压。稳压二极管稳压时工作在反向电击穿状态，反向电压应大于稳压电压。

（1）符号

稳压二极管符号如图 4-15 所示。

（2）伏安特性曲线

稳压二极管伏安特性曲线如图 4-16 所示。从图中看出，稳压二极管正向时相当于一个普通二极管，反向时工作在击穿状态。

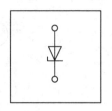

（3）稳压管的主要参数

① 稳定电压 U_z

稳定电压 U_z 是指在规定的稳压管反向工作电流 I_z 下，所对

图 4-15 稳压二极管符号

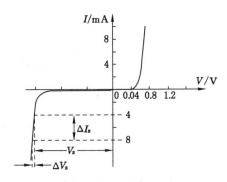

图 4-16　稳压二极管伏安特性曲线

应的反向工作电压。

②最大稳定工作电流 I_{Zmax} 和最小稳定工作电流 I_{Zmin}。解释

（4）稳压二极管稳压值的测量

和万用表测量稳压二极管的稳压值。对于 13 V 以下的稳压二极管,可将稳压电源的输出电压调至 15 V,将电源串联 1 只 1.5 kΩ 的限流电阻后与被测稳压二极管的负极相连接,电源负极与稳压二极管的正极连接,再用万用表测量稳压二极管的稳压值;若稳压二极管的稳压值高于 15 V,则应将稳压电源调至 20 V 以上;若测量稳压二极管的稳定电压值忽高忽低,则说明该二极管的性能不稳定。

4.2.7.2　发光二极管 LED

（1）符号

发光二极管符号如图 4-17 所示。

（2）特性曲线

发光二极管特性曲线如图 4-18 所示。

图 4-17　发光二极管符号

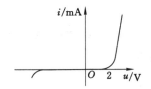

图 4-18　发光二极管特性曲线

从图 4-18 可以看出,正向偏置时,一般工作电流为几十毫安,导通电压为（1～2）V,使用时常与几百欧姆的电阻串联,以防止电流过大而烧毁。

4.2.7.3　光电二极管

（1）符号

光电二极管符号如图 4-19 所示。

（2）特性曲线

光电二极管特性曲线如图 4-20 所示。

从曲线中看出,有光照时,分布在第三、四象限。即光电二极管工作在反向偏置状态,它的反向电流随光照强度的增加而上升。

光电二极管是将光信转换为电信号的常用器件。

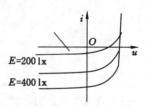

图 4-19 光电二极管符号　　　　　　　图 4-20 光电二极管特性曲线

4.3 半导体三极管

4.3.1 三极管的结构简介

半导体三极管简称晶体管 Bipolar Junction Transistor,是一种具有三个电极,可用作放大器、振荡器或开关等的半导体器件。

4.3.1.1 三极管的外形和类型

三极管的外形如图 4-21 所示。

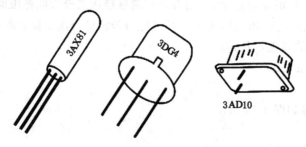

图 4-21 三极管实物外形图

三极管有两种类型:NPN 型和 PNP 型。

4.3.1.2 符号

(1) NPN 类型

NPN 型三极管结构和符号如图 4-22 所示。

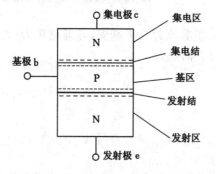

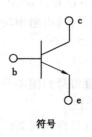

图 4-22 NPN 型三极管结构和符号

（2）PNP 类型

PNP 型三极管结构和符号如图 4-23 所示。

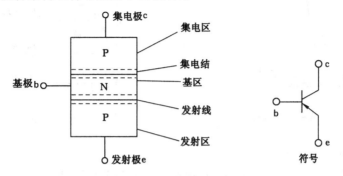

图 4-23　PNP 型三极管结构和符号

4.3.2　三极管的电流分配与放大作用

三极管若实现放大,必须从三极管内部结构和外部所加电源的极性来保证。NPN 三极管内部结构如图 4-24 所示。

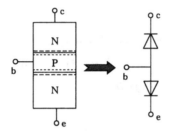

图 4-24　三极管内部结构图

4.3.2.1　三极管放大的外部条件

（1）外加电源的极性应使发射结处于正向偏置状态。

（2）集电结处于反向偏置状态。

4.3.2.2　三极管电流分配

（1）$I_E = I_B + I_C$。

（2）$\beta = I_C / I_B$。

4.3.3　三极管的特性曲线

4.3.3.1　输入特性曲线

三极管的输入特性曲线如图 4-25 所示。

从输入特性曲线中看出:

（1）当 $U_{CE} = 0$ V 时,相当于二极管的正向伏安特性曲线。

（2）当 $U_{CE} \geqslant 1$ V 时,$U_{CB} = U_{CE} - U_{BE} > 0$,集电结已进入反向偏置状态,开始收集电子,基区复合减少,在同样的 U_{BE} 下,i_B 减小,特性曲线右移。

4.3.3.2　输出特性曲线

三极管输出特性曲线如图 4-26 所示。

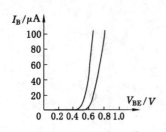

图 4-25 三极管输入特性曲线

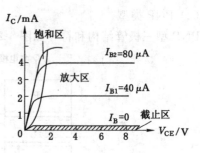

图 4-26 三极管输出特性曲线

从输出特性曲线中看出：

（1）放大区：I_C 平行于 U_{CE} 轴的区域，曲线基本平行等距。此时，发射结正偏，集电结反偏；

（2）饱和区：I_C 明显受 U_{CE} 控制，在该区域内，一般 $U_{CE} < 0.7$ V（硅管）。此时，发射结正偏，集电结正偏或反偏电压很小；

（3）截止区：I_C 接近零的区域，相当于 $I_B = 0$ 的曲线的下方。此时，U_{BE} 小于死区电压，集电结反偏。

4.3.3.3 三极管的主要作用

（1）利用它的电流放大作用组成各种放大电路；

（2）利用它的截止和饱和特性（也称开关特性）制作电子开关。

4.3.4 三极管三种状态的判别方法

4.3.4.1 三极管结偏置的判别法

工作状态	发射结	集电结
截止	反偏或零偏	反偏
放大	正偏	反偏
饱和	正偏	正偏或零偏

4.3.4.2 三极管的电流关系判别法

工作状态	I_B	I_C	I_E
截止	0	0	0
放大	$0 < I_B < I_{BS}$	βI_B	$(1+\beta)I_B$
饱和	$I_B \gg I_{BS}$	$< \beta I_B$	$< (1+\beta)I_B$

4.3.4.3 三极管的点位判别法

工作状态	U_{BE}	U_{CE}
截止	$\leqslant U_{ON}$	$= U_{CC}$
放大	0.7V	$U_{CES} < U_{CE} < U_{CC}$
饱和	0.7V	U_{CES}

【例 4-1】 某放大电路中 BJT 三个电极的电流如图 4-27 所示。$I_A = -2$ mA，$I_B = -0.04$ mA，$I_C = +2.04$ mA，试判断管脚、管型。

解 电流判断法。根据电流的正方向和基尔霍夫电流定律，有

$$I_E = I_B + I_C$$

C 为发射极、B 为基极、A 为集电极,管型为 NPN 管。

【例 4-2】　测得工作在放大电路中几个晶体管的三个电极的电位 U_1、U_2、U_3 分别为:

(1) $U_1=3.5$ V、$U_2=2.8$ V、$U_3=12$ V;

(2) $U_1=3$ V、$U_2=2.8$ V、$U_3=12$ V;

(3) $U_1=6$ V、$U_2=11.3$ V、$U_3=12$ V;

(4) $U_1=6$ V、$U_2=11.8$ V、$U_3=12$ V。

判断它们是 NPN 型还是 PNP 型? 是硅管还是锗管? 并确定 e、b、c。

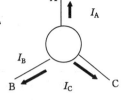

图 4-27　例 4-1 电路图

解:

先求 U_{BE},若在 0.6~0.7 V,则为硅管;若在 0.2~0.3 V,则为锗管。发射结正偏,集电结反偏。

NPN 管　$U_{BE}>0$,$U_{BC}<0$,即 $U_C>U_B>U_E$。

PNP 管　$U_{BE}<0$,$U_{BC}>0$,即 $U_C<U_B<U_E$。

根据以上规则求得:

(1) U_{1b}、U_{2e}、U_{3c}　NPN　硅

(2) U_{1b}、U_{2e}、U_{3c}　NPN　锗

(3) U_{1c}、U_{2b}、U_{3e}　PNP　硅

(4) U_{1c}、U_{2b}、U_{3e}　PNP　锗

4.3.5　三极管的类型和管脚的判断方法

4.3.5.1　基极的确定

用欧姆表对三极管 3 个管脚进行两两、正反向地测量 6 次。其中 2 只脚正反向电阻都不通,那么第 3 只脚就是基极。

4.3.5.2　PNP、NPN 的确定

用欧姆表正表笔接基极,负表笔接其他任意一管脚,如果导通,则基极为 P 型半导体,为 NPN 型三极管,简称 P 型。如果不导通,则基极为 N 型半导体,为 PNP 型三极管,简称 N 型。

4.3.4.3　集电极和发射极的判定

(1) NPN 型:用万用表的红表笔接基极,用黑表笔分别接另外两个管脚,若测得较小的电阻值的那个管脚就是发射极,测得较大的电阻值的那本管脚就是集电极。

(2) PNP 型:用万用表的红表笔接基极,用黑表笔分别接另外两个管脚,若测得较小的电阻值的那个管脚就是集电极,测得较大的电阻值的那个管脚就是发射极。

习　　题

1. 电路如图 4-28 所示,二极管正向压降忽略不计,则 U_0 为多少伏?

2. 电路图如图 4-29 所示,D_1 和 D_2 为理想二极管,若 $U_A=3$ V,$U_B=0$ V,则输出 U_F 为多少?

3. 电路图如图 4-30 所示,已知 $R=6$ kΩ,$U_1=6$ V,$U_2=12$ V,D_1 和 D_2 都是理想二极

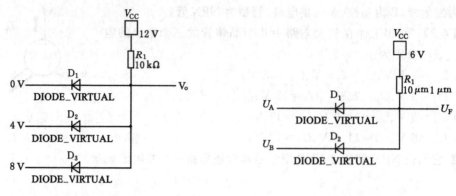

图 4-28 习题 1 图   图 4-29 习题 2 图

管,则电阻 R 的电压为多少?

4. 电路图如图 4-31 所示,二极管为理想二极管,则 u_o 为多少?

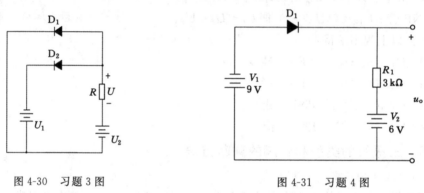

图 4-30 习题 3 图   图 4-31 习题 4 图

5. 电路图如图 4-32 所示,D_1、D_2 都是理想二极管,直流电压 $U_1 > U_2$,u_i、u_o 是交流电流、电压信号的瞬时值。试求:

(1) 当 $u_i > U_1$ 时,u_o 的值;

(2) 当 $u_i < U_2$ 时,u_o 的值。

6. 有两只稳压二极管 D_{Z1} 和 D_{Z2},其稳定电压分别是 5.5 V 和 8.5 V,正向压降都是 0.5 V,若将其串联,则有几种电压值? 各是多少?

7. 电路如图 4-33 所示,则三极管处于什么状态?

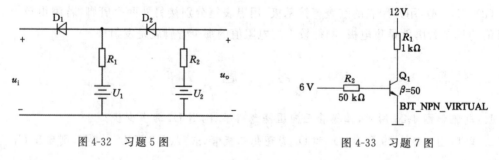

图 4-32 习题 5 图   图 4-33 习题 7 图

8. 已知某三极管的三个电极的电位分别为 3.0 V、3.2 V、9 V。试判断该三极管的基极、发射极和集电极,并说明是 NPN 型还是 PNP 型,是硅管还是锗管。

9. 已知测得放大电路中的三极管的两个电极的电流如图 4-34 所示。

(1) 求另一电极电流的大小,并标出实际极性;

(2) 判断是 NPN 管还是 PNP 管;

(3) 标出 e,b,c 电极;

(4) 估算 β 值。

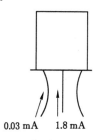

0.03 mA　1.8 mA

图 4-34　习题 9 图

10. 晶体管具有电流放大作用,其外部条件和内部条件各为什么?

11. 如何使用万用表来判断一只晶体管是 NPN 还是 PNP 型?并判断出晶体管的三个电极。

第5章　放大电路基础

本章主要讲解放大电路的技术指标、基本放大电路的组成、放大电路的分析方法、放大电路的开关作用等知识。其重点内容和难点内容为放大电路的分析方法。

5.1　放大的概念和放大电路的性能指标

5.1.1　放大的概念

所谓放大,从表面上看是将输入信号的幅值增大了,但实质上是实现了能量的控制和转换。即在输入信号作用下,通过放大电路将直流电源的能量转换成负载所获得的能量。

能够控制能量的元件称为有源元件,因而放大电路中必须包含有源元件,才能实现信号的放大作用。晶体三极管就是这种有源元件,它们是构成放大电路的核心元件。

5.1.2　放大电路的性能指标

5.1.2.1　放大倍数

放大倍数是衡量放大电路放大能力的指标。放大倍数越大,则放大电路的放大能力越强。

放大倍数的定义:输出信号与输入信号的变化量之比。根据输入、输出端所取的是电压信号还是电流信号,放大倍数又分为电压放大倍数、电流放大倍数等。

测试电压放大倍数指标时,通常在放大电路的输入端加上一个正弦波电压信号,一般情况下,放大电路的输入与输出信号近似为同相,因此可用输出电压与输入电压有效值之比表示电压放大倍数,即 $A_u = U_o/U_i$。

5.1.2.2　输入电阻

输入电阻是指从输入端看进去的等效电阻,用 R_i 表示,是输入电压有效 U_i 与输入电流有效值 I_i 之比。

输入电阻是一个衡量放大电路向信号源索取信号大小的能力。输入电阻越大,放大电路向信号源索取电压信号的能力越强。

5.1.2.3　输出电阻

从放大电路输出端看进去的等效内阻就是输出电阻,用 U_o 表示。

输出电阻是将信号源置零、输出端开路时,在输出端外加一个端口电压 U_o,得到相应端口电流 I_o,两者之比就是输出电阻。

输出电阻是衡量一个放大电路带负载能力的指标,输出电阻越小,则放大电路的带负载能力越强。

5.2　基本放大电路的组成及工作原理

5.2.1　共发射极基本放大电路组成与各元件作用

共发射极放大电路图如图 5-1 所示。

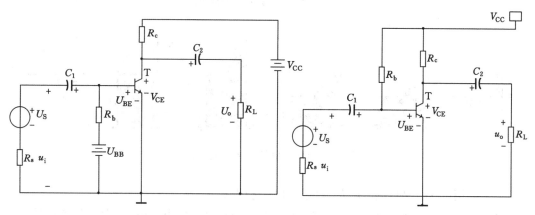

图 5-1　共发射极放大电路

5.2.1.1　满足条件

(1) 三极管必须工作在放大区(发射结正偏,集电结反偏);

(2) 输入信号能够送至放大电路的输入端(即三极管的发射结);

(3) 放大后的信号电压能够输出至负载。

5.2.1.2　各元件的作用

(1) 三极管 T:起到电路放大作用,是放大电路的核心元件;

(2) 直流电源 V_{cc}:一方面与 $R_b R_c$ 相配合,为三极管提供合适的直流偏置电压,保证三极管工作在放大状态;一方面为输出提供所需能量,V_{cc} 一般为几伏至十几伏;

(3) 基极偏置电阻 R_b:与 V_{cc} 配合,决定放大电路基极静态偏置电流的大小,这个电流的大小直接影响三极管的工作状态,一次必须大小合适。其阻值一般为几十或几百千欧;

(4) 集电极负载电阻 R_c:是将三极管集电极电流的变化量转换为电压的变换量,反映到输出端,从而实现电压放大。其阻值一般为几欧或者几十千欧。

(5) 耦合电容 C_1,C_2:起到"隔直通交",一般为几微法至几十微法。

5.2.2　工作原理与波形分析

5.2.2.1　无输入信号($u_i = 0$)时波形

无输入信号($u_i = 0$)时波形如图 5-2 所示。

5.2.2.2　有输入信号($u_i \neq 0$)时波形

有输入信号($u_i \neq 0$)时波形如图 5-3 所示。

5.2.2.3　放大电路的静态

输入信号为零($u_i = 0$ 或 $i_i = 0$)时,放大电路的工作状态,也称直流工作状态。电路处于静态时,三极管三个电极的电压、电流在特性曲线上确定为一点,称为静态工作点,常称为

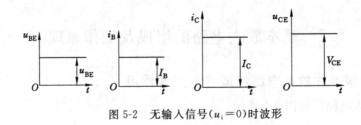

图 5-2　无输入信号($u_i = 0$)时波形

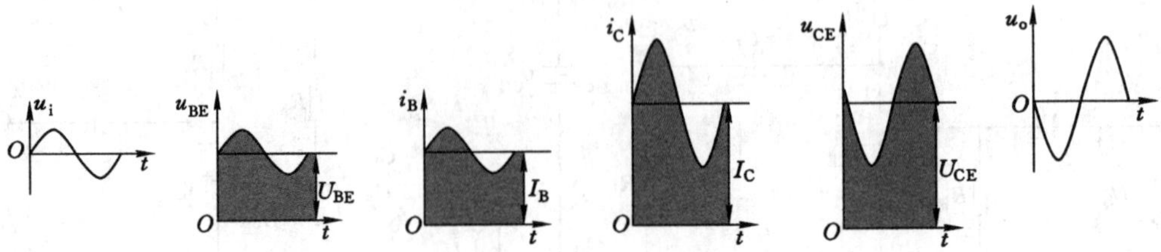

图 5-3　有输入信号($u_i \neq 0$)时波形

Q 点。一般用 I_B、I_C 和 U_{CE}（或 I_{BQ}、I_{CQ} 和 U_{CEQ}）表示。

设置静态工作点给电路加上直流量，并且所加的直流量大小要适中，否则会导致截止失真或者饱和失真。

5.2.2.4　放大电路的动态

放大电路的动态是指输入信号不为零时，放大电路的工作状态，也称交流工作状态。

5.2.2.5　放大电路中的各电量表示

（1）直流量：字母大写，下标大写，如 I_B、I_C、U_{BE}。

（2）交流量：字母小写，下标小写，如 i_b、i_c、u_{be}。

（3）交、直流叠加量：字母小写，下标大写，如 i_B。

（4）交流量的有效值：字母大写，下标小写，如 I_b。

5.2.3　直流通路和交流通路

5.2.3.1　直流通路

直流通路的电容视为开路，电感视为短路，信号源视为短路但应保留内阻。其电路如图 5-4 所示。

5.2.3.2　交流通路

交流通路的容量大的电容视为短路，无内阻的直流电源视为短路。其电路如图 5-5 所示。

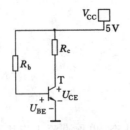

图 5-4　直流通路电路

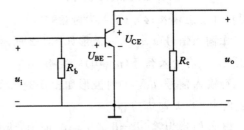

图 5-5　交流通路电路

5.3 放大电路的分析方法

5.3.1 静态分析

5.3.1.1 用估算法确定静态值

$$I_B = \frac{V_{CC} - U_{BE}}{R_b}$$

$$I_C = \beta I_B$$

$$U_{CE} = V_{CC} - I_C R_C$$

一般硅管 $U_{BE} = 0.7\ \text{V}$，锗管 $U_{BE} = 0.2\ \text{V}$。

5.3.1.2 用图解分析法确定静态工作点

采用该方法分析静态工作点，必须已知三极管的输入输出特性曲线。其特性曲线如图 5-6 所示。

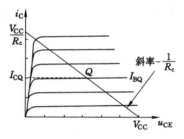

图 5-6　特性曲线图

首先，用估算法确定 I_{BQ}，在输出特性曲线上，找到 $I_B = I_{BQ}$ 对应的那一条曲线。其次，作一条直流负载线 $U_{CE} = V_{CC} - I_C R_C$。最后，在输出特性曲线上，与 $I_B = I_{BQ}$ 对应的曲线与直流负载线交点即为 Q 点，从而得到 U_{CEQ} 和 I_{CQ}。

5.3.2 动态分析

动态分析就是求解电路电压放大倍数、输入电阻、输出电阻。其步骤是先把放大电路转化成交流通路，再转化成微变等效电路。其等效图如图 5-7 所示。

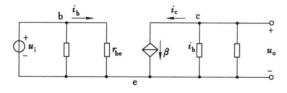

图 5-7　微变等效电路图

5.3.2.1 求电压放大倍数（电压增益）

$$\dot{U}_i = \dot{I}_b \cdot r_{be},\ \dot{I}_c = \beta \cdot \dot{I}_b,\ \dot{U}_o = -\dot{I}_c \cdot (R_c // R_L)$$

$$\dot{A}_u = \frac{\dot{U}_o}{\dot{U}_i} = \frac{-\dot{I}_c \cdot (R_c // R_L)}{\dot{I}_b \cdot r_{be}} = -\frac{\beta \cdot (R_c // R_L)}{r_{be}}$$

5.3.2.2 求输入电阻

$$R_i = \frac{\dot{U}_i}{\dot{I}_i} = R_b // r_{be}$$

5.3.2.3 求输出电阻

令 $\dot{U}_i = 0 \Rightarrow \dot{I}_b = 0 \Rightarrow \beta \cdot \dot{I}_b = 0$，所以 $R_o = R_c$。

5.3.2.4 当信号源有内阻情况

带有信号源放大电路模型电路图如图 5-8 所示，由电路得出：

$$A_{uS} = U_o/U_S$$
$$U_i = R_i U_S/(R_S + R_i)$$
$$A_{uS} = U_o/U_i \times U_i/U_S = R_i A_u/(R_i + R_S)$$

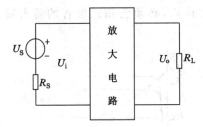

图 5-8　带有信号源放大电路模型

【例 5-1】 电路图如图 5-9 所示，已知 BJT 的 $\beta = 100, U_{BE} = -0.7\ V$。

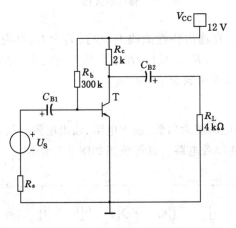

图 5-9　例 5-1 电路图

(1) 试求该电路的静态工作点；

(2) 画出简化的小信号等效电路；

(3) 求该电路的电压增益，输出电阻 R_o、输入电阻 R_i。

解 (1) 求 Q 点，作直流通路

$$I_B = \frac{V_{CC} - U_{BE}}{R_b} = \frac{-12 - (-0.7)}{300\ k\Omega} = -40\ (\mu A)$$

$$I_C = \beta I_B = 100 \times (-40) = -4\ (mA)$$

$$U_{CE} = V_{CC} - I_C R_c = -12 + 4 \times 2 = -4 \text{ (V)}$$

（2）画出小信号等效电路

其微变等效电路图如图 5-10 所示。

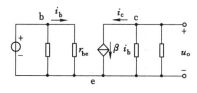

图 5-10　微变等效电路图

（3）求放大倍数

$$r_{be} \approx 200 + (1 + \beta) \frac{26(\text{mV})}{I_{EQ}(\text{mA})} = 200 + (1 + 100)26/4 = 865 \ \Omega$$

$$\dot{A}_u = \frac{\dot{U}_o}{\dot{U}_i} = \frac{-\dot{I}_c \cdot (R_c // R_L)}{\dot{I}_b \cdot r_{be}} = \frac{-\beta \cdot \dot{I}_b (R_c // R_L)}{\dot{I}_b \cdot r_{be}} = \frac{\beta \cdot (R_c // R_L)}{r_{be}} \approx -155.6$$

（4）求输入电阻

$$R_i = \frac{\dot{U}_i}{\dot{I}_i} = R_b // r_{be} \approx 865 \ \Omega$$

（5）求输出电阻

$$R_o = R_c = 2 \text{ k}\Omega$$

5.4　放大电路静态工作点的稳定

5.4.1　温度对静态工作点的影响

三极管是一种对温度十分敏感的元件。温度变化对三极管参数的影响主要表现有以下几个方面：

5.4.1.1　U_{BE} 改变

U_{BE} 的温度系数约为 -2 mV/℃，即温度每升高 1 ℃，U_{BE} 约下降 2 mV。

5.4.1.2　β 改变

温度每升高 1 ℃，β 值约增加 0.5%～1%，β 温度系数分散性较大。

5.4.1.3　I_{CBO} 改变

温度每升高 10 ℃，I_{CBQ} 大致将增加一倍，说明 I_{CBQ} 将随温度按指数规律上升。温度升高将导致 I_C 增大，Q 上移。波形容易失真。

5.4.2　静态工作点稳定电路

5.4.2.1　电路组成和 Q 点稳定原理

静态工作点稳定电路如图 5-11 所示，其直流通路图如图 5-12 所示。

从电路中看出，由于 $I_R \gg I_{BQ}$，可得（估算）

$$U_{BQ} \approx \frac{R_{b1}}{R_{b1} + R_{b2}} U_{CC}$$

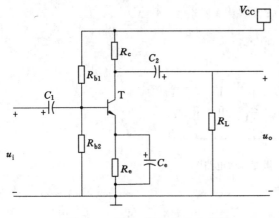

图 5-11　静态工作点稳定电路图

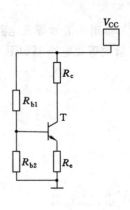

图 5-12　直流通路图

所以 U_{BQ} 不随温度变化

$$T\uparrow\to I_{CQ}\uparrow\to I_{EQ}\uparrow\to U_{EQ}\uparrow\to U_{BEQ}(=U_{BQ}-U_{EQ})\downarrow\to I_{BQ}\downarrow\to I_{CQ}\downarrow$$

则是电流负反馈式工作点稳定电路。

5.5　放大电路的三种组态

放大电路三种组态比较表如表 5-1 所示。

表 5-1　放大电路三种组态比较表

电路参数\特点	共发射极接法	共集电极接法	共基极接法
电压放大倍数	高(几十至一百以上)	低(小于1)	高(几十至一百以上)
电流放大倍数	高(β)	高($\beta+1$)	低(略小于1)
输入电阻	中(几百欧至几千欧)	高(几十千欧至百千欧以上)	低(几十欧)
输出电阻	高(几千欧至十几千欧)	低(几十至几百欧)	高(几千欧至十几千欧)
频率特性	一般	一般	好
用途	放大电路中间级	输入、输出级	高频或宽带电路

5.6　三极管开关电路的分析

5.6.1　三极管电子开关与机械开关的比较

（1）三极管开关动作快以微秒计，而机械开关动作慢以毫秒计；

（2）三极管开关不具有活动节点部分，无磨损，可使用无限次；机械开关由于有节点磨损，最多使用数百万次；

（3）三极管开关没有跃动现象；机械开关在导通的瞬间有快速连续启闭动作，然后才能达到稳定状态；

（4）利用三极管开关驱动电感性负载时，在开关启动的瞬间，不致有火花产生。

5.6.2　三极管电子开关的用途

常用于驱动控制发光二极管、蜂鸣器、电动机、继电器等器件的工作状态。

5.6.3　三极管开关电路

5.6.3.1　工作原理

要使三极管工作在开关状态,必须使其工作在饱和与截止状态。当三极管基极电流不断增大,集电极电流不可能继续增大时,三极管就进入饱和状态。进入饱和状态后,三极管的集电极跟发射极之间的电压很小,可以理解为一个开关闭合了。当基极电流为 0 时,三极管集电极电流也为 0,这时三极管截止,相当于开关断开。

5.6.3.2　驱动发光二极管电路的分析

驱动发光二极管电路如图 5-13 所示。

以发光二极管为驱动器件;R_2 为限流电阻;XFG1 为信号发生器,获得开关电路的驱动信号;XMM1 为万用表,用来测量 LED 的电流。

LED 工作电路为 10~20 mA,驱动信号的幅值建议在 3 V 以上。

5.6.3.3　驱动蜂鸣器电路的分析

驱动蜂鸣器电路如图 5-14 所示。采用低压(3 V)的蜂鸣器,其工作电流为十几微安;三极管型号选用 9013,其放大倍数为 100;偏置电阻 R 为 15 kΩ,则三极管的基极电流为 0.15 mA,集电极电流为 15 mA,集电极-发射电压为 0.05 V,三极管处于饱和状态。

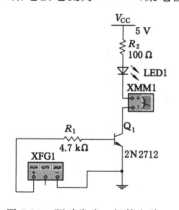

图 5-13　驱动发光二极管电路

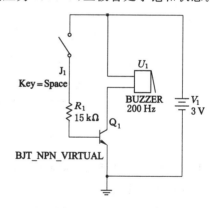

图 5-14　驱动蜂鸣器电路

将开关换成干簧管开关,就成为磁控声响电路;将 R 减小至 10 kΩ、开关换成光敏二极管或光敏电阻,就成为光控声响电路。

习　题

1. 电路如图 5-15 所示,已知晶体管的 $\beta=50$,求:

(1) 静态工作点 Q。

(2) A_u、R_i、R_o。

2. 电路图如图 5-16 所示,已知 $\beta=38.5$,$r_{bb}'=200$ Ω,U_{BE} 忽略不计,求(1) 静态工作点;(2) A_u、R_i、R_o。

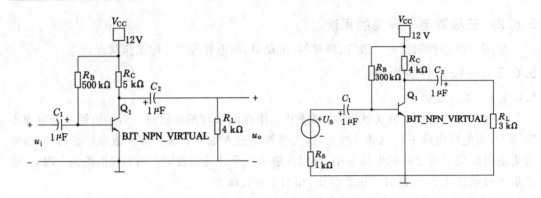

图 5-15 习题 1 图   图 5-16 习题 2 图

3. 电路图如图 5-17 所示，晶体管的 $\beta=60$，$U_{BEQ}=0.7$，$r_{bb}'=100\ \Omega$，求 Q 点及 A_u、R_i 和 R_o。

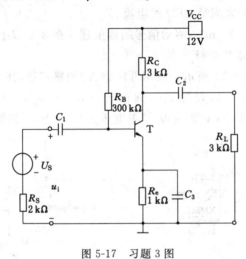

图 5-17 习题 3 图

4. 电路图如图 5-18 所示，晶体管的 $\beta=80$，$U_{BEQ}=0.7$ V，$r_{bb}'=100\ \Omega$，计算 $R_L=\infty$ 时的 Q 点及 A_u、R_i 和 R_o。

5. 电路图如图 5-19 所示，晶体管的 $\beta=100$，$U_{BEQ}=0.7$，$r_{be}=1\ 000\ \Omega$。

(1) 现已测得静态管压降 $U_{CEQ}=6$ V，估算 R_b 约为多少千欧？

(2) 若测得 u_i 和 u_o 的有效值分别为 1 V 和 100 V，则负载电阻 R_L 为多少千欧？

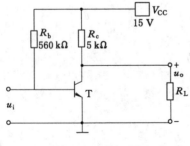

图 5-18 习题 4 图

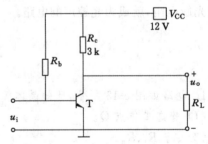

图 5-19 习题 5 图

6. 如何区别交流放大电路的(1)静态工作和动态工作? (2)直流通路和交流通路?
(3)电压和电流的直流分量与交流分量?

7. 改变 R_c 和 V_{CC} 对放大电路的直流负载线有什么影响?

8. 电路图如图 5-20 所示,已知晶体管 $\beta = 50$,在下列情况
下,用直流电压表测得晶体管的集电极电位,应分别为多少?
设 $V_{CC} = 12$ V,晶体管饱和压降 $U_{CES} = 0.5$ V。

(1) 正常情况;

(2) R_{B1} 短路;

(3) R_{B1} 开路;

(4) R_{B2} 开路;

(5) R_C 短路。

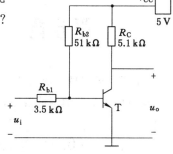

图 5-20　习题 10 图

第6章　集成运算放大电路及其应用

本章主要讲授集成运算放大电路的组成、差分电路组成及作用、功率放大电路的组成及作用、运算放大电路的组成及原理等知识。其重点内容和难点内容是运算放大电路组成及原理。

6.1　集成运放的基本组成及各部分的作用

集成运放组成如图 6-1 所示。
(1) 输入级:差分电路,大大减少温漂;
(2) 中间级:采用有源负载的共发射极电路,增益大;
(3) 输出级:OCL 电路,带负载能力强;
(4) 偏置电路:镜像电流源,微电流源。

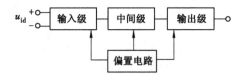

图 6-1　集成运放组成

6.1.1　偏置电路——电流源

6.1.1.1　镜像电流源

镜像电流源如图 6-2 所示,由电路得出:

$$U_{BE2}=U_{BE1}, I_{C2}=I_{C1}, I_{E2}=I_{E1}$$

$$I_{REF}=I_{C1}+2I_B=I_{C1}+\frac{2I_{C1}}{\beta}$$

$$I_{C2}=I_{C1}=I_{REF}\frac{\beta}{2+\beta}\approx I_{REF}\approx\frac{V_{CC}-U_{BE}}{R}=\frac{V_{CC}}{R}$$

由于 T_2 的集电极电流基本不变。所以交流量:

$$\dot{I}_r\approx 0, R_o=\frac{\dot{V}_T}{\dot{I}_T}\approx\infty$$

镜像电流源具有直流电阻小而交流电阻很大的特点。

6.1.1.2　微电流源

微电流源如图 6-3 所示,由电路得出:

$$I_{C2}\approx I_{E2}=\frac{U_{BE1}-U_{BE2}}{R_{e2}}=\frac{\Delta U_{BE}}{R_{e2}}$$

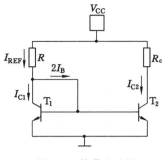

图 6-2　镜像电流源

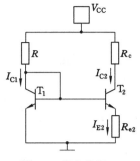

图 6-3　微电流源

由于 ΔU_{BE} 很小,所以 I_{C2} 也很小。

6.1.2　输入级——差分放大电路

6.1.2.1　输入信号类型

差分放大电路如图 6-4 所示,其信号和参数如下:

差模信号

$$u_{\mathrm{id}} = u_{\mathrm{i1}} - u_{\mathrm{i2}}$$

共模信号

$$u_{\mathrm{ic}} = \frac{1}{2}(u_{\mathrm{i1}} + u_{\mathrm{i2}})$$

差模电压增益

$$A_{u\mathrm{D}} = \frac{U'_{\mathrm{o}}}{u_{\mathrm{id}}}$$

共模电压增益

$$A_{u\mathrm{C}} = \frac{U''_{\mathrm{o}}}{u_{\mathrm{ic}}}$$

总输出电压

$$u_{\mathrm{o}} = u_{\mathrm{o}}' + u_{\mathrm{o}}'' = A_{u\mathrm{D}}u_{\mathrm{id}} + A_{u\mathrm{C}}u_{\mathrm{ic}}$$

6.1.2.2　电路改进

考虑到要减轻射极电阻对放大倍数的影响,当 $u_{\mathrm{i1}} = -u_{\mathrm{i2}}$ 时,$i_{\mathrm{e1}} = -i_{\mathrm{e2}}$。让两管共用一个射极电阻,可以保证两管射极交流接地。

理想电流源具有:电流恒定,交流等效电阻无穷大的特点。

恒流源的作用:提供放大电路的偏置电流,替代交流大电阻,提高共模抑制比,其改进电路图如图 6-5 所示。

6.1.2.3　四种输入、输出接法

（1）双入双出

双入双出差分电路如图 6-6 所示,由电路得出:

$$I_{\mathrm{E1}} = I_{\mathrm{E2}} = (U_{\mathrm{EE}} - U_{\mathrm{BE}})/R_{\mathrm{e}}$$

$$U_{\mathrm{CE1}} = U_{\mathrm{CE2}} \approx V_{\mathrm{CC}} + V_{\mathrm{EE}} - (R_{\mathrm{c}} + 2R_{\mathrm{e}})I_{\mathrm{E}}$$

$$A_{u\mathrm{D}} = \frac{u_{\mathrm{o}}}{u_{\mathrm{id}}} = \frac{u_{\mathrm{o1}} - u_{\mathrm{o2}}}{u_{\mathrm{i1}} - u_{\mathrm{i2}}} = \frac{2u_{\mathrm{o1}}}{2u_{\mathrm{i1}}} = -\frac{\beta(R_{\mathrm{c}} // \frac{1}{2}R_{\mathrm{L}})}{r_{\mathrm{be}}}$$

$$R_{id} = 2r_{be}$$
$$R_{od} = 2R_c$$

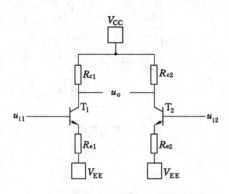

图 6-4　差分放大电路

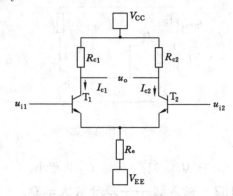

图 6-5　差分电路改进电路图

（2）双入单出

双入单出差分电路如图 6-7 所示，由电路得出：

$$I_E = (V_{EE} - U_{BE})/2R_e$$
$$U_{CE} = U_o + U_{EE} - R_E I_E$$
$$R_{id} = 2r_{be}$$
$$R_{od} = R_c$$

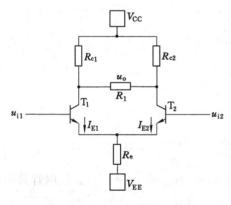

图 6-6　双入双出差分电路图

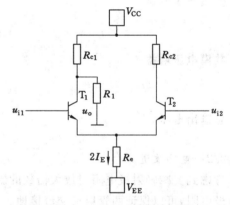

图 6-7　双入单出差分电路图

（3）单入双出

单入双出差分电路如图 6-8 所示，由电路得出：

$$I_{E1} = I_{E2} = (V_{EE} - U_{BE})/2R_e$$
$$U_{CE1} = U_{CE2} \approx V_{CC} + V_{EE} - (R_c + 2R_e)I_E$$
$$U_o = 0$$

与双入双出的一样。

（4）单入单出

单入单出差分电路如图 6-9 所示，由电路得出：

$$I_E = (V_{EE} - U_{BE})/2R_e$$

$$U_{CE} = U_o + V_{EE} - R_e I_E$$
$$U_o = V_{CC} R_L / (R_c + R_L) - I_C R_L R_c / (R_c + R_L)$$

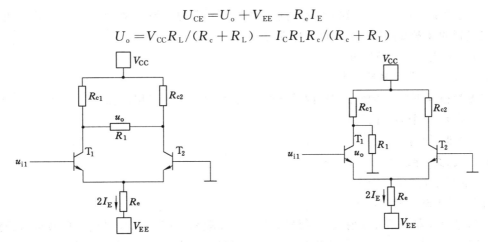

图 6-8　单入双出差分电路图　　　　　　　图 6-9　单入单出差分电路图

与双入单出的一样。

6.1.3　输出级——功率放大电路

6.1.3.1　功率放大电路的概念

功率放大电路是一种以输出较大功率为目的的放大电路。因此,要求同时输出较大的电压和电流,管子工作在接近极限状态。功率放大电路示意图如图 6-10 所示。

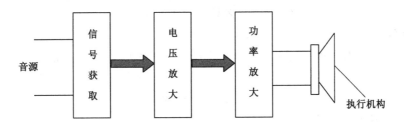

图 6-10　功率放大电路示意图

6.1.3.2　功率放大电路的特点

(1) 功率放大电路对电压放大倍数无要求;

(2) 为了能够获得足够大的不失真输出功率,功率放大电路中的电压、电流幅度都很大,使输出信号容易非线性失真,这就需要根据负载要求规定允许的失真范围内,一般不采用微变等效电路进行分析;

(3) 为了提高功率放大电路的工作效率,需要尽可能降低其静态工作电流,但静态工作电流太小容易引起输出信号的失真。

6.1.3.3　功率放大电路与一般放大电路的区别

(1) 性能指标不同:一般的放大电路性能指标是放大倍数、输入/输出电阻等;功率放大电路的性能指标是输出功率和效率,输出功率尽可能大,效率尽可能高。

(2) 分析方法不同:一般放大电路分析 Q 点设置是否合适,用微变等效法分析动态参数;功率放大电路输入的是大信号,不能用微变等效电路分析。

（3）三极管的选用：一般放大电路的选用参考三极管的 β 等参数；功率放大电路的选用参考三极管的极限参数如最大集电极电流等。

（4）是否能解决阻抗匹配。

6.1.3.4 功率放大电路的分类

三极管根据正弦信号整个周期内的导通情况，可分为几个工作状态：

（1）甲类：一个周期内均导通；

（2）乙类：导通角等于 $180°$；

（3）甲乙类：导通角大于 $180°$；

（4）丙类：导通角小于 $180°$。

6.1.3.5 甲类放大器

小信号放大器包括共发射极、发射极跟随器、共基极放大器，如果对输入信号进行完整放大，他们就是甲类放大器。但小信号放大器只对幅值放大，对于大功率负载仍然没有足够的驱动能力。

（1）为了获得最大的输出信号

I_C 范围：$0 \sim I_{C(SAT)}$，U_{CE} 范围：$0 \sim U_{CE(CUTOFF)}$。

对于 $I_{C(SAT)}$ 处于饱和失真，对于 $U_{CE(CUTOFF)}$ 处于截止失真。

（2）效率

效率是指供应负载的信号功率与直流电源所供应功率的比值。

电源供应的平均电流 I_{CC} 等于 I_{CQ}，且电源供应的电压最少为 $2 U_{CEQ}$。所以直流功率是：

$$P_{DC} = I_{CC} \times V_{CC} = 2 I_{CQ} \times U_{CEQ}$$

输出功率：

$$P_{OUT} = (0.707 \times I_C)(0.707 \times U_C) = 0.5 I_{CQ} \times U_{CEQ}$$

效率：

$$P_{OUT} / P_{DC} = 0.25$$

6.1.3.6 乙类放大器

乙类放大器电路如图 6-11 所示。若放大器偏压在截止区，使得在输入信号周期的前 180 度工作在线性区，后 180 度工作在截止区，则这类放大器属于乙类放大器。

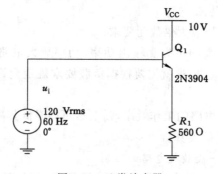

图 6-11 乙类放大器

（1）特点

Q 点在 AC 负载线最低点（截止点），$U_{CE(CUTOFF)}$，I_C 可以在一个非常大的范围内（0 ~

$I_{C(SAT)}$)摆动,使之有大的驱动能力,但放大器对负半周信号根本没有放大能力。

（2）推挽乙类放大器（乙类 OCL 电路）

推挽乙类放大器电路如图 6-12 所示,由电路分析得出:

① 互补三极管:Q_1（NPN）,Q_2（PNP）,即 Q_1 正半周、Q_2 负半周导通。

② 在 $-0.7\sim0.7$ V 时两个三极管均截止,出现交越失真。

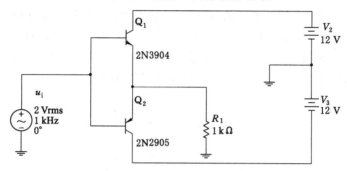

图 6-12　推挽乙类放大器

6.1.3.7　甲乙类放大器（甲乙类 OCL 电路）

甲乙类放大器电路如图 6-13 所示,由电路分析如下:

① 利用 R_1、R_2 及 D_1、D_2 为两个三极管提供偏置。这个偏置电路在输入信号幅度接近 0 时也能被三极管放大,从而克服交越失真问题。如果二极管 D_1 和 D_2 特性能够与晶体管基极-发射极特性紧密配合,二极管中的电流与晶体管中的电流会相等。

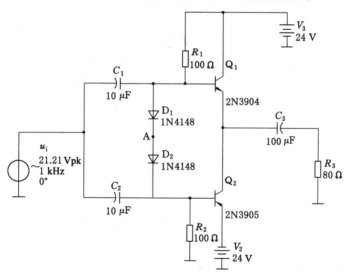

图 6-13　甲乙类放大器

② R_1 与 R_2 大小相同,D_1、D_2 正向压降相同,所以在 A 点电压为电源一半,即为 $1/2V_{CC}$。若二极管正向压降与三极管 U_{BE} 相同,则两个三极管的 e 极电压为 $1/2V_{CC}$,于是, $U_{CEQ1}=U_{CEQ2}=1/2V_{CC}$。

③ 甲乙类放大器的功率问题

$$P_{OUT} = 0.707 I_{C(SAT)} * 0.707 * V_{CC}/2 = 0.25 I_{C(SAT)} * V_{CC}$$

$$P_{DC} = I_{C(SAT)} * V_{CC}/\pi$$

$$\eta_{max} = P_{OUT}/P_{DC} = 79\%$$

6.1.3.8 达林顿甲乙类放大器

作为甲乙类放大器,负载扬声器,其阻抗非常低,一般只有 4～8 Ω,其中又以 8 Ω 常见。

甲乙类放大器输入阻抗为 650 欧姆,较低的输入阻抗会拖累小信号放大器的电压增益。

为解决以上问题,用达林顿管替换三极管,其电路如图 6-14 所示,$R_{IN} = 37.5 \text{ k}\Omega$,有了这个较高的输入阻抗,能和小信号放大器很好地协作,实现阻抗匹配,从而实现小信号放大器与功率放大器级联,对信号进行放大,并驱动功率负载功能。

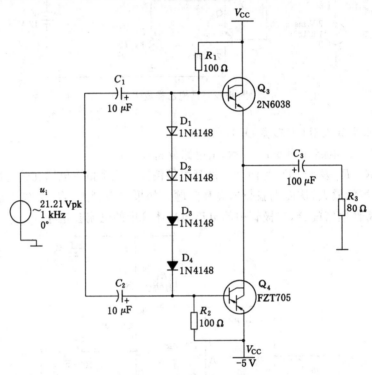

图 6-14　达林顿甲乙类放大器

6.2　放大电路中的反馈

6.2.1　理想运放的概念及工作特点

6.2.1.1　性能指标

(1) 开环差模电压增益　$A_{od} = \infty$;

(2) 差模输入电阻　$r_{id} = \infty$;

(3) 输出电阻　$r_o = 0$;

(4) 共模抑制比　$K_{CMR} = \infty$;

(5) $U_{IO} = 0$、$I_{IO} = 0$、$\alpha U_{IO} = \alpha I_{IO} = 0$;

（6）输入偏置电流　$I_{IB}=0$；

（7）3 dB 带宽，$f_H=\infty$等。

6.2.1.2　理想运放的工作状态

理想运放符号如图 6-15 所示。

（1）工作在线性区

理想运放工作在线性区时特点：

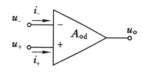

图 6-15　理想运放符号

$$u_o=A_{od}(u_+-u_-)$$

理想运放的差模输入电压等于零，即"虚短"。

$$(u_+-u_-)=\frac{u_o}{A_{od}}=0,u_+=u_-$$

理想运放的输入电流等于零。

由于 $r_{id}=\infty$，两个输入端均没有电流，即"虚断"。

（2）工作在非线性区

理想运放工作在非线性区时，u_o 的值只有两种可能：

当 $u_+>u_-$ 时，$u_o=+U_{OM}$；

当 $u_+<u_-$ 时，$u_o=-U_{OM}$。

在非线性区内，(u_P-u_N) 可能很大，即 $u_P\neq u_N$。"虚地"不存在，理想运放的输入电流等于零，$i_+=i_-$。

6.2.2　反馈的基本概念及判别方法

6.2.2.1　什么是反馈

在电子设备中经常采用反馈的方法来改善电路的性能，以达到预定的指标。

放大电路中的反馈，是指将放大电路输出电量（输出电压或输出电流）的一部分或全部，通过一定的方式反送回输入回路中。

6.2.2.2　正反馈和负反馈

反馈信号增强了外加输入信号，使放大电路的放大倍数提高的反馈为正反馈；反馈信号削弱了输入信号，使放大电路的放大倍数降低的反馈是负反馈。

6.2.2.3　直流反馈和交流反馈

直流反馈是反馈量只含有直流量的反馈，直流反馈可稳定静态工作点。

交流反馈是反馈量只含有交流量的反馈，交流反馈可用以改善放大电路的性能。

6.2.2.4　反馈的判断

（1）有无反馈的判断

是否有联系输入、输出回路的反馈通路；是否影响放大电路的净输入。

【例 6-1】　电路图如图 6-16 所示，判断各电路是否有反馈。

解　由于图（a）没有反馈通道，所以没有反馈。图（b）和图（c）都有反馈通道把输出信号反馈到输入，所以有反馈。

（2）反馈极性的判断

反馈极性的判断方法：瞬时极性法，即先假定某一瞬间输入信号的极性，然后按信号的放大过程，逐级推出输出信号的瞬时极性，最后根据反馈回输入端的信号对原输入信号的作

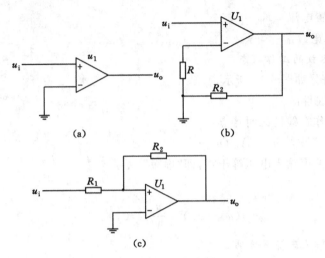

(a)   (b)

图 6-16   例 6-1 电路图

用,判断出反馈的极性。

对分立元件而言,集电极与基极极性相反,发射极与基极极性相同。

对集成运放而言,u_o 与 u_- 极性相反,u_o 与 u_+ 极性相同。

【**例 6-2**】 电路图如图 6-17 所示,用瞬时极性法判断电路中的反馈极性。

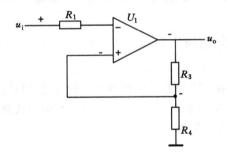

图 6-17   例 6-2 电路图

解   因为差模输入电压等于输入电压与反馈电压之差,反馈增强了输入电压,所以为正反馈。

【**例 6-3**】 电路图如图 6-18 所示,用瞬时极性法判断电路中的反馈极性。

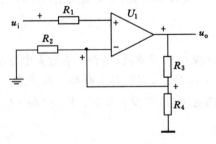

图 6-18   例 6-3 电路图

解　因为差模输入电压等于输入电压与反馈电压之差，反馈信号削弱了输入信号，因此为负反馈。

【例 6-4】　电路图如图 6-19 所示，用瞬时极性法判断电路中的反馈极性。

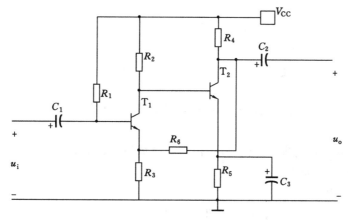

图 6-19　例 6-4 电路图

解　因为三极管的 U_{BE} 电压等于基级电压与发射极电压之差，反馈信号削弱了输入信号，因此为负反馈。

（3）直流反馈与交流反馈的判断

直流反馈是反馈量只含有直流量的反馈。

交流反馈是反馈量只含有交流量的反馈。

【例 6-5】　电路图如图 6-20 所示，判断是否有交流反馈和直流反馈。

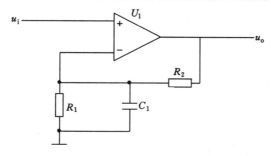

图 6-20　例 6-5 电路图

解：电路的直流通路如图 6-21 所示，从电路中看出，其输出量通过反馈网络 R_1 和 R_2 反馈到输入端，所有该电路具有直流反馈。

电路的交流通路如图 6-22 所示，从电路中看出，该电路没有反馈网络，其输出量没有反馈到输入端，所以该电路没有交流反馈。

6.2.3　负反馈放大电路的四种组态

6.2.3.1　负反馈放大电路分析要点

（1）从输出端看，判断反馈量是取自于输出电压，还是取自于输出电流。

反馈信号取自输出电压，则为电压反馈。

反馈信号取自输出电流，则为电流反馈。

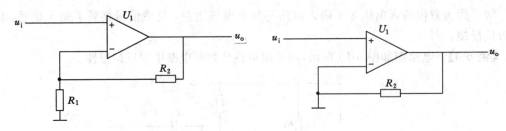

图 6-21 例 6-5 直流通路电路图   图 6-22 例 6-5 交流通路电路图

（2）从输入端看，判断反馈量与输入量是以电压方式相叠加，还是以电流方式相叠加。

以电压方式相叠加为串联反馈，以电流方式叠加为并联反馈。

6.2.3.2 四种负反馈组态

（1）反馈组态的判断

并联反馈：反馈量 X_f 输入量 X_i 接于同一输入端。

串联反馈：反馈量 X_f 输入量 X_i 接于不同的输入端。

电压反馈：将负载短路，反馈量为零。

电流反馈：将负载短路，反馈量仍然存在。

① 电压串联负反馈

反馈信号与输出电压成正比，集成运放的净输入电压等于输入电压与反馈电压之差。

电压串联负反馈电路如图 6-23 所示，由电路得出：

$$\dot{U}'_i = \dot{U}_i - \dot{U}_f$$

$$\dot{U}_f = \frac{R_1}{R_1 + R_F} \dot{U}_o$$

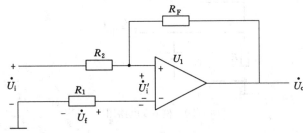

图 6-23 电压串联负反馈

② 电流串联负反馈

反馈信号与输出电流成正比，净输入电压等于外加输入信号与反馈信号之差。

电流串联负反馈电路如图 6-24 所示，由电路得出：

$$\dot{U}'_i = \dot{U}_i - \dot{U}_f$$

$$\dot{U}_f = \dot{I}_o R_F$$

③ 电压并联负反馈

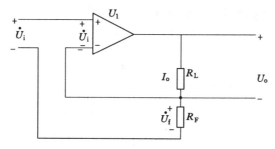

图 6-24　电流串联负反馈

反馈信号与输出电压成正比,净输入电流等于外加输入电流与反馈电流之差。

电压并联负反馈电路如图 6-25 所示,由电路得出:

$$\dot{I}'_i = \dot{I}_i - \dot{I}_f$$

$$\dot{I}_f \approx -\frac{\dot{U}_o}{R_F}$$

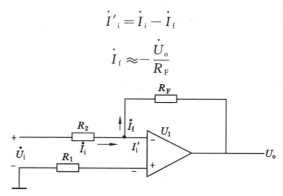

图 6-25　电压并联负反馈

④ 电流并联负反馈

电流并联负反馈电路如图 6-26 所示,由电路得出:

$$\dot{I}'_i = \dot{I}_i - \dot{I}_f$$

$$\dot{I}_f \approx -\frac{\dot{I}R_3}{R_3 + R_F}$$

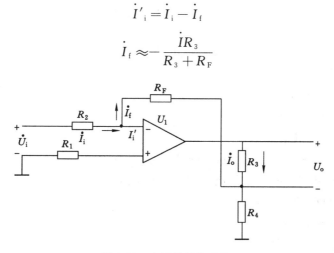

图 6-26　电流并联负反馈

（2）放大倍数

① 电压串联负反馈电路电压放大倍数

$$\dot{A}_{uuf} = \frac{\dot{U}_o}{\dot{U}_i}$$

② 电流串联负反馈电路转移电导

$$\dot{A}_{iuf} = \frac{\dot{I}_o}{\dot{U}_i}(S)$$

③ 电压并联负反馈电路转移电阻

$$\dot{A}_{uif} = \frac{\dot{U}_o}{\dot{I}_i}(\Omega)$$

④ 电流并联负反馈电路电流放大倍数

$$\dot{A}_{ii} = \frac{I_o}{\dot{I}_i}$$

【例 6-6】 电路图如图 6-27 所示,判断反馈的组态。

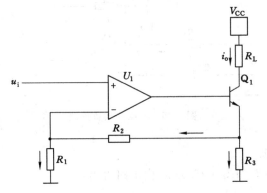

图 6-27 例 6-6 电路图

解 反馈通路由 T、R_2、R_1 组成,为交、直流反馈。

瞬时极性法判断:为负反馈。

输出端看:为电流负反馈。

输入端看:为串联负反馈。

电路引入交、直流电流串联负反馈。

【例 6-7】 电路图如图 6-28 所示,判断反馈的组态。

解 反馈通路由 T_3、R_4、R_2 组成,为交、直流反馈。

瞬时极性法判断:为负反馈。

输出端看:为电压负反馈。

输入端看:为串联负反馈。

电路引入交、直流电压串联负反馈。

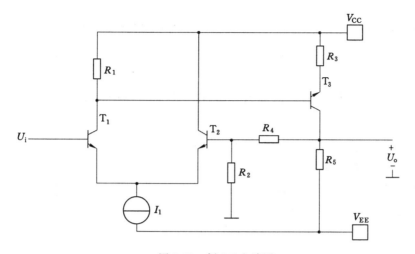

图 6-28 例 6-7 电路图

6.2.4 负反馈放大电路的方框图及一般表达式

6.2.4.1 负反馈放大电路的方框图表示法

负反馈放大电路方框图如图 6-29 所示。$\dot{X}_i$、$\dot{X}_o$ 和 $\dot{X}_f$ 分别为输入信号、输出信号和反馈信号。

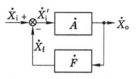

图 6-29 负反馈放大
电路方框图

（1）开环放大倍数：无反馈时放大网络的放大倍数 $\dot{A}$

$$\dot{A} = \frac{\dot{X}_o}{\dot{X'}_i}, \dot{F} = \frac{\dot{X}_f}{\dot{X}_o}, \dot{X'}_i = \dot{X}_i - \dot{X}_f$$

$$\dot{X}_o = \dot{A}\dot{X'}_i \dot{A}(\dot{X}_i - \dot{X}_f) = \dot{A}(\dot{X}_i - \dot{F}\dot{X}_o)$$

（2）闭环放大倍数 $\dot{A}_f$

$$\dot{A}_f = \frac{\dot{X}_o}{\dot{X}_i} = \frac{\dot{A}}{1 + \dot{A}\dot{F}}$$

（3）反馈系数 $\dot{F}$

$$\dot{F} = \frac{\dot{X}_f}{\dot{X'}_o}$$

（4）电路的环路放大倍数 $\dot{A}\dot{F}$

$$\dot{A}\dot{F} = \frac{\dot{X}_f}{\dot{X'}_i}$$

6.2.4.2 负反馈放大电路的一般表达式

闭环放大倍数：

$$\dot{A}_f = \frac{\dot{X}_o}{\dot{X}_i} = \frac{\dot{A}}{1 + \dot{A}\dot{F}}$$

在中频段，$\dot{A}_f$、$\dot{A}$ 和 $\dot{F}$ 均为实数 若$|1+\dot{A}\dot{F}|\gg1$，称为深度负反馈。

$$\dot{A}_f = \frac{\dot{A}}{1+\dot{A}\dot{F}} \approx \frac{\dot{A}}{\dot{A}\dot{F}} = \frac{1}{\dot{F}}$$

结论：深度负反馈放大电路的放大倍数主要由反馈网络的反馈系数决定，能保持稳定。

若 $1+\dot{A}\dot{F}=0$，则 $\dot{A}_f=\infty$，称电路产生了自激振荡。

6.2.4.3 深度负反馈的实质

放大电路的闭环电压放大倍数

$$\dot{A}_f = \frac{\dot{X}_o}{\dot{X}_i}$$

深度负反馈放大电路的闭环电压放大倍数

$$\dot{A}_f \approx \frac{1}{\dot{F}}$$

而 $F = \dfrac{\dot{X}_f}{\dot{X}_o}$ 所以 $\dfrac{\dot{X}_o}{\dot{X}_i} \approx \dfrac{\dot{X}_o}{\dot{X}_f}$ 得 $\dot{X}_i \approx \dot{X}_f$；

对于串联负反馈 $\dot{U}_i \approx \dot{U}_f$，并联负反馈：$\dot{I}_i \approx \dot{I}_f$。

结论：先根据负反馈组态，选择适当的公式；再根据放大电路的实际情况，列出关系式后，直接估算闭环电压放大倍数。

① 电压串联负反馈

放大倍数则为电压放大倍数：

$$\dot{A}_{uuf} = \dot{A}_{uf} = \frac{\dot{U}_o}{\dot{U}_i} \approx \frac{\dot{U}_o}{\dot{U}_f} = \frac{1}{\dot{F}_{uu}}$$

② 电流串联负反馈

放大倍数为转移电导：

$$\dot{A}_{iuf} = \frac{\dot{I}_o}{\dot{U}_i} \approx \frac{\dot{I}_o}{\dot{U}_f} = \frac{1}{\dot{F}_{ui}}$$

电压放大倍数

$$\dot{A}_{uf} = \frac{\dot{U}_o}{\dot{U}_i} \approx \frac{\dot{I}_o R_i}{\dot{U}_f} = \frac{R_L}{\dot{F}_{ui}} = \frac{R_L}{R}$$

③ 电压并联负反馈

放大倍数为转移电阻：

$$\dot{A}_{uif} = \frac{\dot{U}_o}{\dot{I}_i} \approx \frac{\dot{U}_o}{\dot{I}_f} = \frac{1}{\dot{F}_{iu}}$$

源电压放大倍数：

$$\dot{A}_{usf} = \frac{\dot{U}_o}{\dot{I}_s} \approx \frac{\dot{U}_o}{\dot{I}_f R_s} = \frac{1}{\dot{F}_{iu}} \cdot \frac{1}{R_s}$$

对于并联负反馈电路，信号源内阻是必不可少的。

④ 电流并联负反馈

电流放大倍数

$$\dot{A}_{iif} = \frac{\dot{I}_o}{\dot{I}_i} \approx \frac{\dot{I}_o}{\dot{I}_f} = \frac{1}{\dot{F}_{ii}}$$

电压放大倍数

$$\dot{A}_{usf} = \frac{\dot{U}_o}{\dot{U}_s} \approx \frac{\dot{I}_o R_L}{\dot{I}_f R_s} = \frac{1}{\dot{F}_{ii}} \cdot \frac{R_L}{R_s}$$

小结：

① 正确判断反馈组态。

② 求解反馈系数。

③ 利用 F 求解 $\dot{A}_f,\dot{A}_{uf}$ 或 $\dot{A}_{usf}$。

【例 6-8】　电路如图 6-30 所示，已知 $R_1 = 10 \text{ k}\Omega, R_2 = 100 \text{ k}\Omega, R_3 = 2 \text{ k}\Omega, R_L = 5 \text{ k}\Omega$。求解在深度负反馈条件下的 $\dot{A}_{uf}$。

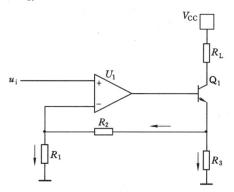

图 6-30　例 6-8 电路图

解　反馈通路由 T、R_3、R_2、R_1 组成，反馈电路引入电流串联负反馈，有

$$\dot{I}_{R_1} = \frac{R_3}{R_1 + R_2 + R_3} \cdot \dot{I}$$

$$\dot{U}_f = \dot{I}_{R_1} R_1 = \frac{R_3}{R_1 + R_2 + R_3} \cdot \dot{I}_o R_1$$

$$\dot{F}_{ui} = \frac{\dot{U}_f}{\dot{I}_o} = \frac{R_1 R_3}{R_1 + R_2 + R_3}$$

$$\dot{A}_{uf} = \frac{\dot{U}_o}{\dot{U}_i} \approx \frac{R_L}{F_{ui}} = \frac{(R_1 + R_2 + R_3)R_L}{R_1 R_3} = 30$$

【例 6-9】 电路图如图 6-31 所示,已知 $R_2 = 10\ \mathrm{k\Omega}$,$R_4 = 100\ \mathrm{k\Omega}$,求解在深度负反馈条件下的 $\dot{A}_{uf}$。

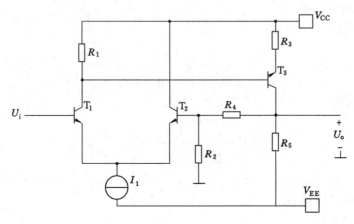

图 6-31 例 6-9 电路图

解 反馈通路由 T_3、R_4、R_2 组成,反馈电路引入电压串联负反馈。

电压放大倍数:

$$\dot{F}_{uu} = \frac{\dot{U}_f}{\dot{U}_o} = \frac{R_2}{R_2 + R_4}$$

$$\dot{A}_{uuf} = \frac{\dot{U}_o}{\dot{U}_i} \approx \frac{1}{\dot{F}_{uu}} = 1 + \frac{R_4}{R_2} = 11$$

6.2.5 负反馈对放大电路性能的影响

6.2.5.1 稳定放大倍数

引入负反馈后,在输入信号一定的情况下,当电路参数变化、电源电压波动或负载发生变化时,放大电路输出信号的波动减小,即放大倍数的稳定性提高,则

$$\dot{A}_f = \frac{\dot{A}}{1 + \dot{A}\dot{F}}$$

放大倍数稳定性提高的程度与反馈深度有关。

在中频范围内,$\dot{A}_f$,$\dot{A}$,$\dot{F}$ 为实数,则有

$$A_f = \frac{A}{1 + AF}$$

放大倍数的相对变化量:

$$\frac{\mathrm{d}A_f}{A_f} = \frac{1}{1 + AF} \times \frac{\mathrm{d}A}{A}$$

结论:引入负反馈后,放大倍数的稳定性提高了 $(1 + AF)$ 倍。

【**例 6-10**】 电路如图 6-32 所示，在电压串联负反馈放大电路中，$A = 10^5$，$R_1 = 2\ \text{k}\Omega$，$R_F = 18\ \text{k}\Omega$。

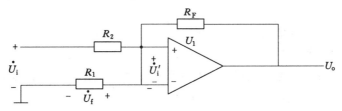

图 6-32 例 6-10 电路图

① 估算反馈系数 A_f 和反馈深度 $1 + AF$。

② 估算放大电路的闭环电压放大倍数。

③ 如果开环差模电压放大倍数 A 的相对变化量为 $\pm 10\%$，此时闭环电压放大倍数 A_f 的相对变化量等于多少？

解 ① 反馈系数

$$\dot{F} = \frac{\dot{U}_f}{\dot{U}_o} = \frac{R_1}{R_1 + R_F} = \frac{2}{2 + 18} = 0.1$$

反馈深度

$$1 + \dot{A}\dot{F} = 1 + 10^5 \times 0.1 \approx 10^4$$

② 闭环放大倍数

$$\dot{A}_f = \frac{\dot{A}}{1 + \dot{A}\dot{F}} \approx \frac{10^5}{10^4} = 10$$

③ A_f 的相对变化量

$$\frac{\mathrm{d}A_f}{A_f} = \frac{1}{1 + AF} \times \frac{\mathrm{d}A}{A} = \frac{\pm 10\%}{10^4} = \pm 0.001\%$$

结论：当开环差模电压放大倍数变化 $\pm 10\%$ 时，电压放大倍数的相对变化量只有 $\pm 0.0001\%$，而稳定性提高了一万倍。

6.2.5.2 改变输入电阻和输出电阻

引入负反馈后整个电路的输入、输出电阻相比较集成运算放大器芯片的输入、输出电阻的影响如下。

（1）对输入电阻的影响

① 串联负反馈增大输入电阻

引入串联负反馈后，输入电阻增大为无反馈时的 $1 + AF$ 倍。

② 并联负反馈减小输入电阻

引入并联负反馈后，输入电阻减小为无负反馈时的 $1/(1 + AF)$。

（2）对输出电阻的影响

① 电压负反馈减小输出电阻

引入电压负反馈后，放大电路的输出电阻减小到无反馈时的 $1/(1 + AF)$。

② 电流负反馈增大输出电阻

结论:引入电流负反馈后,放大电路的输出电阻增大到无反馈时的$(1+AF)$倍。

综上所述,有:

(1) 反馈信号与外加输入信号的求和方式只对放大电路的输入电阻有影响:串联负反馈使输入电阻增大;并联负反馈使输入电阻减小;

(2) 反馈信号在输出端的采样方式只对放大电路的输出电阻有影响:电压负反馈使输出电阻减小;电流负反馈使输出电阻增大;

(3) 串联负反馈只增大反馈环路内的输入电阻;电流负反馈只增大反馈环路内的输出电阻;

(4) 负反馈对输入电阻和输出电阻的影响程度,与反馈深度有关。

6.2.5.3 展宽频带

引入负反馈后,放大电路的中频放大倍数减小为无反馈时的$1/(1+AF)$;而上限频率提高到无反馈时的$(1+AF)$倍。

同理,可推导出引入负反馈后,放大电路的下限频率降低为无反馈时的$1/(1+AF)$。

结论:引入负反馈后,放大电路的上限频率提高,下限频率降低,因而通频带展宽。

6.2.5.4 减小非线性失真和抑制干扰

同样道理,负反馈可抑制放大电路内部噪声。

6.2.5.5 放大电路中引入负反馈的一般原则

负反馈对放大电路性能方面的影响,均与反馈深度有关;负反馈放大电路的分析以定性分析为主,定量分析为辅;定性分析常用 EWB 软件(PSPICE)进行分析。

电路设计时,引入负反馈的一般原则有以下几条:

(1) 为了稳定静态工作点,应引入直流负反馈;为了改善电路的动态性能,应引入交流负反馈。

(2) 根据信号源的性质引入串联负反馈,或者并联负反馈。当信号源为恒压源或内阻较小的电压源时,为增大放大电路的输入电阻,以减小信号源的输出电流和内阻上的压降,应引入串联负反馈。

当信号源为恒流源或内阻较大的电压源时,为减小电路的输入电阻,使电路获得更大的输入电流,应引入并联负反馈。

(3) 根据负载对放大电路输出量的要求,即负载对其信号源的要求,决定引入电压负反馈或电流负反馈。当负载需要稳定的电压信号时,应引入电压负反馈;当负载需要稳定的电流信号时,应引入电流负反馈。

(4) 根据四种组态反馈电路的功能,在需要进行信号变换时,选择合适的组态。例如,若将电流信号转换成电压信号,应在放大电路中引入电压并联负反馈;若将电压信号转换成电流信号,应在放大电路中引入电流串联负反馈,等。

【例 6-11】 电路如图 6-33 所示,为了达到下列目的,分别说明应引入哪种组态的负反馈以及电路如何连接。

(1) 减小放大电路从信号源索取的电流并增强带负载能力。

(2) 将输入电流i_i转换成与之成稳定线性关系的输出电流i_o。

(3) 将输入电流i_i转换成稳定的输出电压u_o。

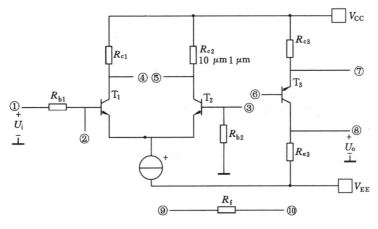

图 6-33　例 6-11 电路图

解

（1）应引入电压串联负反馈。

电路中将④与⑥、③与⑨、⑧与⑩分别连接。

（2）应引入电流并联负反馈。

电路中将④与⑥、⑦与⑩、②与⑨分别连接。

（3）应引入电压并联负反馈。

电路中应将②与⑨、⑧与⑩、⑤与⑥分别连接。

6.3　集成运放的应用

6.3.1　基本运算电路

6.3.1.1　反相比例运算电路

反相比例运算电路如图 6-34 所示，由电路得出：

由于"虚断"，$i_+ = 0$，$u_+ = 0$。

由于"虚短"，$u_- = u_+ = 0$。

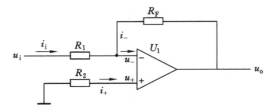

图 6-34　反相比例运算电路

由 $i_1 = i_F$，得

$$\frac{u_1 - u_-}{R_1} = \frac{u_- - u_o}{R_F}$$

$$u_o = -\frac{R_F}{R_1} u_1$$

$$R_2 = R_1 // R_F$$

$$A_{uf} = \frac{u_o}{u_1} = -\frac{R_F}{R_1}$$

由于反相输入端"虚地",电路的输入电阻为 $R_{if} = R_1$。

6.3.1.2　同相比例运算电路

同相比例运算电路如图 6-35 所示,由电路得出:

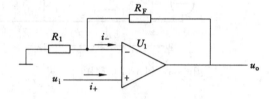

图 6-35　同相比例运算电路

根据"虚短"和"虚断"的特点,可知

$$i_+ = i_- = 0;$$

所以

$$u_- = \frac{R_1}{R_1 + R_F} u_o$$

又

$$u_- = u_+ = u_i$$

所以

$$\frac{R_1}{R_1 + R_F} u_o = u_1$$

$$u_o = (1 + \frac{R_F}{R_1}) u_1$$

$$A_{uf} = \frac{u_o}{u_1} = 1 + \frac{R_F}{R_1}$$

由于该电路为电压串联负反馈,所以输入电阻很高。

6.3.1.3　电压跟随器

电压跟随器电路如图 6-36 所示,由电路得出:

当 $R_F = 0$ 或 $R_1 = \infty$ 时

$$u_o = u_i$$

$$A_{uf} = 1$$

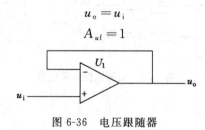

图 6-36　电压跟随器

6.3.1.4　反相求和运算电路

反相求和运算电路如图 6-37 所示,由电路得出:

由于"虚断"　　　　　　　　　　　$i_- = 0$

所以　　　　　　　　　　　$i_{R1} + i_{R2} = i_{Rf}$

又因"虚地"　　　　　　　　　　　$u_{i1} + = u_{i2} = 0$

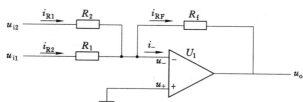

图 6-37　反相求和运算电路

所以：

$$\frac{u_{i1}}{R_1} + \frac{u_{i2}}{R_2} = -\frac{u_o}{R_f}$$

$$u_o = -\left(\frac{R_f}{R_1}\right)u_{i1} + \frac{R_f}{R_{i2}}u_{i2}$$

当 $R_1 = R_2 = R$ 时，

$$u_o = -\frac{R_f}{R_1}(u_{i1} + u_{i2} + u_{I3})$$

6.3.1.5　同相求和运算电路

同相求和运算电路如图 6-38 所示,由电路得出

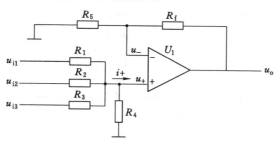

图 6-38　同相求和运算电路

由于"虚断",$i_+ = 0$,所以有

$$\frac{u_{i1} - u_+}{R'_1} + \frac{u_{i2} - u_+}{R'_2} + \frac{u_{i3} - u_+}{R'_3} = \frac{u_+}{R'} \quad u_+ = \frac{R_+}{R'_1}u_{i1} + \frac{R_+}{R'_2}u_{i2} + \frac{R_+}{R'_3}u_{i3}$$

其中 $R_+ = R'_1 // R'_2 // R'_3 // R'$,由于"虚短",$u_+ = u_-$,所以有

$$u_o = (1 + \frac{R_f}{R_1})u_- = (1 + \frac{R_f}{R_1})u_+ = (1 + \frac{R_f}{R_1})(\frac{R_+}{R'_1}u_{i1} + \frac{R_+}{R'_2}u_{i2} + \frac{R_+}{R'_3}u_{i3})$$

6.3.1.6　利用反相信号求和以实现减法运算

利用反求和实现减法运算电路如图 6-39 所示,由电路得出：

第一级反相比例

$$u_{o1} = -\frac{R_{f1}}{R_1}u_{i1}$$

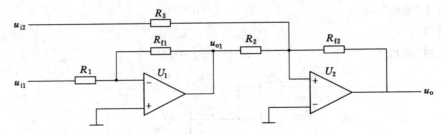

图 6-39　利用反相求和实现减法运算电路

第二级反相加法

$$u_o = -\frac{R_{f2}}{R_2}u_{o1} - \frac{R_{f2}}{R_2}u_{i2}$$

$$u_o = -\frac{R_{f2}}{R_2} \cdot \frac{R_{f1}}{R_1}u_{i1} - \frac{R_{f2}}{R_2}u_{i2}$$

当 $R_{f1} = R_1, R_{f2} = R_2$

$$u_o = u_{i1} - u_{i2}$$

6.3.1.7　利用差分式电路以实现减法运算

利用差分电路实现减法运算电路如图 6-40 所示,从结构上看,它是反相输入和同相输入相结合的放大电路。

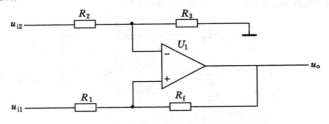

图 6-40　利用差分电路实现减法运算电路

根据虚短、虚断得:

$$u_+ = u_- \quad (u_{i1} - u_+)/R_1 = (u_+ - u_o)/R_f$$

$$(u_{i2} - u_-)/R_2 = u_- /R_3$$

$$u_o = [(R_1 + R_f)/R_1] \times [R_3/(R_2 + R_3)] \times u_{i2} - R_f \times u_{i1}/R_1$$

若 $R_f/R_1 = R_3/R_2$　　　$u_o = R_f \times (u_{i2} - u_{i1})/R_1$

若 $R_f = R_1$,　　　　　　　$u_o = u_{i2} - u_{i1}$

6.3.2　滤波电路

6.3.2.1　无源滤波电路

（1）无源高通滤波器

无源高通滤波器电路如图 6-41 所示,与微分器结构是相同的,电容具有隔直通交特性,于是高频信号比低频信号更容易通过高通滤波器。

（2）无源低通滤波

无源低通滤波器电路如图 6-42 所示，与积分器结构相同，当高频经 R 之后被 C 导到地线而无输出。由于电容不会导通低频信号，所以可以安然通过低频滤波器。

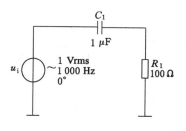

图 6-41　无源高通滤波器

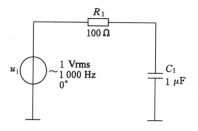

图 6-42　无源低通滤波器

（3）无源带通滤波器

无源带通滤波器电路如图 6-43 所示，相当于一个高通滤波器串联一个低通滤波。

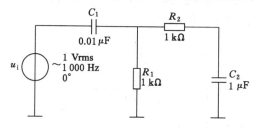

图 6-43　无源带通滤波器

6.3.2.2　有源滤波电路

（1）有源高通滤波器

有源高通滤波器电路如图 6-44 所示，在无源高通滤波器后面增加一个同相放大器构成有源高通滤波器。C_1 和 R_2 完成滤波功能，一般把一个电容和一个电阻构成的滤波器称为一阶滤波器。由两个电容和两个电阻构成滤波器称为二阶滤波器。

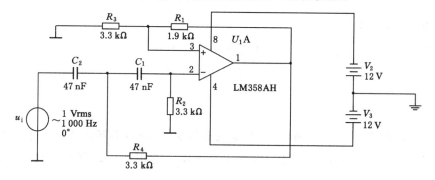

图 6-44　有源高通滤波器

（2）有源低通滤波器

有源低通滤波器电路如图 6-45 所示，在无源低通滤波器后面增加一个同相放大器构成有源高通滤波器，完成滤波功能。一般把一个电容和一个电阻构成的滤波器称为一阶滤波器。由两个电容和两个电阻构成滤波器称为二阶滤波器。

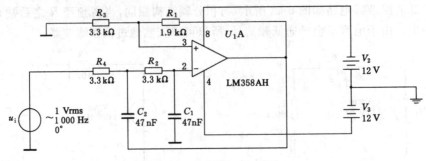

图 6-45　有源低通滤波器

（3）有源带通滤波器

有源带通滤波器电路如图 6-46 所示，高通和低通级联，前级是一个二阶高通，后级是一个二阶低通。多反馈型有源带通滤波器，R_2 和 C_1 形成两条反馈途径，其带宽实现依靠是 R_1 和 C_1 组成低通以及 R_2 和 C_2 构成高通。

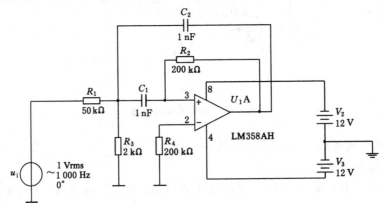

图 6-46　有源带通滤波器

6.3.3　电压比较器

运放常常用来构造成比较器，对两个信号电平进行比较，一般其中一个信号为电平固定，参考电压，另一个被比较信号。当被比较信号高于参考电压时，输出高电平，否则输出低电平。

6.3.3.1　过零比较器

过零比较器电路如图 6-47 所示，反相输入端接地，u_i 从同相端进入，当 u_i 信号大于 0 输出 $+12$ V，低于 0 时输出 -12 V，R_1 为上拉电阻。常用的比较器如 LM306、LM311、LM393 等。

6.3.3.2　非过零比较器

非过零比较器电路如图 6-48 所示，反相输入端电平控制在 R_1、R_2 构成分压器。

$V_{REF} = R_2/(R_1+R_2) \times (+12$ V$)$，当 u_i 信号大于 V_{REF} 输出 $+12$ V，低于 V_{REF} 时输出 -12 V，R_1 为上拉电阻。

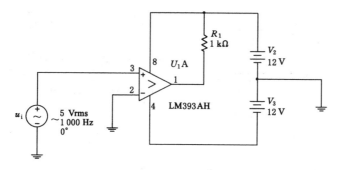

图 6-47　过零比较器

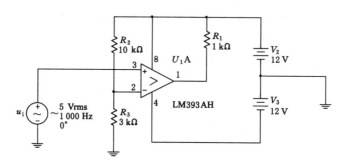

图 6-48　非过零比较器

习　　题

1. 理想运放工作在线性区和非线性区各有何特点？怎样理解"虚短"和"虚断"？

2. 集成运算放大器的电路组成及其作用。

3. 简述负反馈对放大电路性能的影响。

4. 电路如图 6-49 所示,试判断该电路是正反馈还是负反馈？若为负反馈,判断反馈的组态。

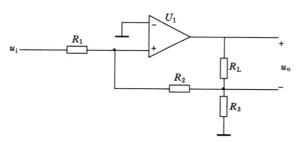

图 6-49　习题 4 图

5. 电路图如图 6-50 所示,反馈的组态是什么？

6. 电路图如图 6-51 所示,其反馈类型是什么？

7. 为了实现下列要求,在交流放大电路中应引入哪种类型的负反馈？

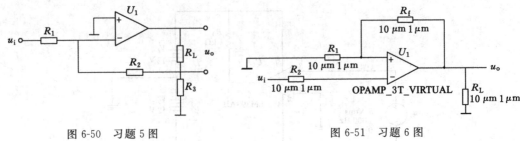

图 6-50　习题 5 图　　　　　　　　　　图 6-51　习题 6 图

（1）要求输出电压基本稳定，并能提高输入电阻。

（2）要求输出电流基本稳定，并能提高输出电阻。

8. 什么是深度负反馈？怎样理解"负反馈越深，放大倍数降低得越多，但放大电路工作越稳定"？

9. 电路如图 6-52 所示，当 $u_i = 10$ V 时，求 u_o？

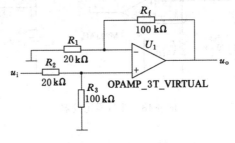

图 6-52　习题 9 图

10. 电路图如图 6-53 所示，若输入电压 $u_i = 1$ V，试求输出电压 u_o。

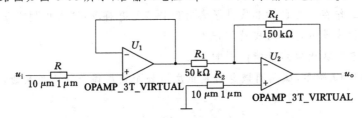

图 6-53　习题 10 图

11. 试求如图 6-54 所示的电路图中的输出电压与输入电压的运算关系式。

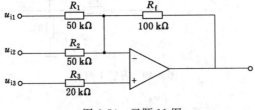

图 6-54　习题 11 图

12. 试求如图 6-55 所示的电路图中的输出电压与输入电压的运算关系式。

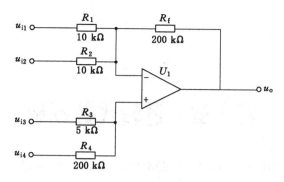

图 6-55　习题 12 图

13. 在图 6-56 所示的两级运算电路中，$R_1 = 50\ \text{k}\Omega$，$R_f = 150\ \text{k}\Omega$。若输入电压为 1 V，试求输出电压。

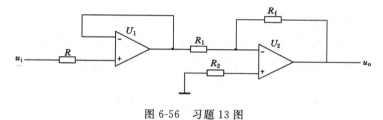

图 6-56　习题 13 图

14. 电路如图 6-57 所示，试求电压放大倍数。

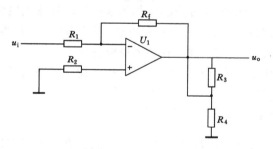

图 6-57　习题 14 图

15. 电路如图 6-58 所示，试求电路的电压放大倍数。

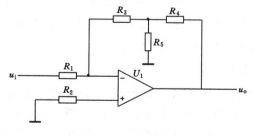

图 6-58　习题 15 图

第7章 逻辑代数基础

本章主要讲授数字电路与数字信号、逻辑代数、逻辑函数、卡诺图等知识,其中重点内容和难点内容是逻辑代数和卡诺图。

7.1 数字电路与数字信号

7.1.1 数字技术的发展和应用

随着现代电子信息技术的不断发展,数字电子技术正成为电子技术发展的主要方向。数字电路正是数字电子技术的核心。数字电路是以二值数字逻辑为基础,其工作信号为离散信号。

数字电路的发展历史与模拟电路一样,都是经历了由电子管、半导体分立器件到集成电路的过程。数字电路从 20 世纪 60 年代开始,其集成器件由小规模逻辑器件发展到中规模逻辑器件,70 年代末,出现了微处理器,标志着数字电子技术进入了一个新的时代。

数字电路从其结构上来分,可分为独立和集成两种。按集成电路内部的元器件的有源和无源性来分,可分为双极型(TTL 电路)和单极型(CMOS 型)两类。按集成度不同,又可分为小规模、中规模、大规模、超大规模和甚大规模五类。

数字集成器件采用半导体材料制成,被广泛地应用于电路系统之中。如电脑、电视、手机、摄像装置及无线通信系统等。

7.1.2 模拟信号和数字信号

表示模拟量的电信号称为模拟信号,模拟信号是指在时间和数值上都连续的信号。而表示数字量的电信号称为数字信号,数字信号是指在时间和数值上都离散的信号。为了处理、储存方便,我们往往把模拟量转换成数字量,即把模拟信号转换成数字信号。在电路中,模拟信号一般是随时间连续变化的电压和电流,如正、余弦信号,工作在模拟信号下的电路称为模拟电路。在电路中,数字信号往往表示为突变的电压和电流,如方波信号和矩形波信号,工作在数字信号下的电路称为数字电路。

7.1.3 数字信号的描述方法

数字信号采用二值描述方式,分别用逻辑数字 0 和 1 来表示,这里的 0 和 1 代表两种对立的状态,不代表具体的数的含义,例如,电灯有亮和灭两种对立的状态,如果 1 表示灯亮,则 0 表示灯灭,反之,若 1 表示灯灭,则 0 表示灯亮。在实际电路中 0 和 1 往往代表低和高,一般处于 0~0.8 V 范围的电压,我们称之为低电平,处于 2~5 V 范围内的电压称之为高电平。

数字电路中有两种逻辑体制,即正逻辑和负逻辑。正逻辑体制规定:高电平为逻辑 1,低电平为逻辑 0。负逻辑体制规定:低电平为逻辑 1,高电平为逻辑 0,本书没有特殊说明,均采用正逻辑。研究和处理逻辑问题的主要数学工具是逻辑代数,逻辑代数也叫布尔代数。

7.1.4　数字波形

波形是信号随时间变化的曲线。当电压值在高电平和低电平之间发生变化时,就产生了数字波形。数字波形由脉冲序列组成。

7.1.4.1　时序波形

时序波形提供了数字系统工作必需的精确时序节拍,时序波形有时也称时钟。

时序波形的特征参数:频率、周期、脉冲宽度、占空比、幅度。

7.1.4.2　数据波形

与时序波形不同,数据波形包含二进制信息,即用比特序列来表示高低电平序列,没有定义脉冲宽度和周期。

7.1.5　数字电路的特点

(1) 工作信号是离散的:电路中的半导体管多数工作在开关状态。

如二极管工作在导通和截止状态;

三极管工作在饱和态和截止状态。

(2) 研究对象是输入和输出的逻辑关系,因此主要的分析工具是逻辑代数,表达电路的功能主要是真值表、逻辑表达式及波形图等。

7.1.6　数字电路的分类

7.1.6.1　按集成电路规模分类

集成度:每块集成电路芯片中包含的元器件数目

(1) 小规模集成电路(small scale IC,SSI)

(2) 中规模集成电路(medium scale IC,MSI)

(3) 大规模集成电路(large scale IC,LSI)

(4) 超大规模集成电路(very large scale IC,VLSI)

(5) 特大规模集成电路(ultra large scale IC,ULSI)

(6) 巨大规模集成电路(gigantic scale IC,GSI)

7.1.6.2　按电路结构分类

(1) 组合逻辑电路:电路的输出信号只与当时的输入信号有关,而与电路原来的状态无关。

(2) 时序逻辑电路:电路的输出信号不仅与当时的输入信号有关,而且还与电路原来的状态有关。

7.2　数制与码制

7.2.1　进位计数制

日常生活中人们习惯于使用十进制,而在数字电路中常使用二进制、有时也采用八进制和十六进制。

7.2.1.1　十进制

十进制(decimal)是以 10 为基数的计数体制,它由 0—9 十个不同的数码组成,其计数

规律为"逢十当一,借一当十"。任何一个十进制数都可以写成:

$$(N)_{10} = \sum_{i=-m}^{n-1} a_i 10^i \tag{7-1}$$

式中,n 代表整数位数,m 代表小数位数,且 n,m 均为整数;a_i 为第 i 位的数码,是 $0—9$ 十个数中的某一个,即 10^i 的系数;10^i 是第 i 位的位权,它表示数码在不同的位置所代表的不同数值,从小数点起往左,即整数部分由低到高的位权依次为 $10^0,10^1,10^2,\cdots,10^{n-1}$;从小数点往右,即小数部分由高到低的位权依次为 $10^{-1},10^{-2},10^{-3},\cdots,10^{-m}$。

【例 7-1】 写出 $(143.25)_{10}$ 的按权展开式。

解 $(143.25)_{10} = 1 \times 10^2 + 4 \times 10^1 + 3 \times 10^0 + 2 \times 10^{-1} + 5 \times 10^{-2}$

7.2.1.2 二进制数

二进制数只有 0 和 1 两个数码,因此计数基数 $R=2$,高位和低位的计数规则是"逢二进一,借一当二"。任一个二进制数都可以写成:

$$(N)_2 = \sum_{i=-m}^{n-1} a_i 2^i \tag{7-2}$$

式 (7-2) 中:n,m 同式 (7-1) 中相同。a^i 的取值为 0 或 1,即 2^i 的系数;2^i 为位权。

【例 7-2】 写出 $(1010.101)_2$ 的按权展开式。

解 $(1010.101)_2 = 1 \times 10^3 + 0 \times 10^2 + 1 \times 10^1 + 0 \times 10^0 + 1 \times 10^{-1} + 0 \times 10^{-2} + 1 \times 10^{-3}$

7.2.1.3 八进制数

八进制数有 $0—7$ 八个数码,计数基数 $R=8$,高低位之间的计数规则是"逢八进一,借一当八"。任一个八进制数都可以写成:

$$(N)_8 = \sum_{i=-m}^{n-1} a_i 8^i \tag{7-3}$$

【例 7-3】 写出 $(234.5)_8$ 的按权展开式。

解 $(234.5)_8 = 2 \times 8^2 + 3 \times 8^1 + 4 \times 8^0 + 5 \times 8^{-1}$

7.2.1.4 十六进制数

十六进制数共有 16 个数码。它是由 $0—9$ 十个数字和 $A、B、C、D、E、F$ 六个字母组成。其中 $A、B、C、D、E、F$ 分别表示的是 $10、11、12、13、14、15$。因此计数基数 $R=16$,高位和低位的计数规则是"逢十六进一,借一当十六"。任一个十六进制数都可以写成:

$$(N)_{16} = \sum_{i=-m}^{n-1} a_i 16^i \tag{7-4}$$

【例 7-4】 写出 $(3E5.6)_{16}$ 的按权展开式。

解 $(3E5.6)_{16} = 3 \times 16^2 + 14 \times 16^1 + 5 \times 16^0 + 6 \times 16^{-1}$

7.2.2 进位计数制的相互转换

7.2.2.1 任意进制数转化成十进制数

转换方法:只需把任意进制的数按权展开,然后相加所得的结果就是其相对应的十进制数。

【例 7-5】 将下列各进制数转化成十进制数。

$(110.1)_2 = 1 \times 2^2 + 1 \times 2^1 + 0 \times 2^0 + 1 \times 2^{-1} = (6.5)_{10}$

$(32.2)_8 = 3 \times 8^1 + 2 \times 8^0 + 2 \times 8^{-1} = (26.25)_{10}$

$(1A.8)_2 = 1 \times 16^1 + 10 \times 16^0 + 8 \times 16^{-1} = (26.5)_{10}$

7.2.2.2　十进制数转换为二进制数

（1）整数部分的转换

将十进制的整数部分除以 2 取余，把余数按倒序排列就得到了相应的二进制数。

【例 7-6】　将 $(57)_{10}$ 转换为二进制数

则 $(57)_{10} = (111001)_2$

（2）小数部分的转换

将十进制数的小数部分乘以 2 取整数，把整数按顺序排列，就得到了相应的二进制数。

【例 7-7】　将 $(0.74)_{10}$ 转换成二进制数，保留四位。

$0.74 \times 2 = 1.48$　　　　整数为 1

$0.48 \times 2 = 0.96$　　　　整数为 0

$0.96 \times 2 = 1.92$　　　　整数为 1

$0.92 \times 2 = 1.84$　　　　整数为 1

则 $(0.74)_{10} = (0.1011)_2$

7.2.2.3　二进制与八进制间的相互转换

（1）二进制转换成八进制

以小数点为基准，整数部分自小数点向左，每 3 位一组，最高位不足 3 位时用 0 补齐；小数部分自小数点向右，每 3 位一组，最低位不足 3 位时用 0 补齐；然后写出每组对应的八进制数，即得到了对应的八进制数。

【例 7-8】　将 $(11001010.01)_2$ 转换成八进制数。

解　$(11001010.01)_2 = (011\ 001\ 010.010)_2 = (312.2)_8$

（2）八进制转换成二进制

每一位八进制转换成 3 位二进制数。

【例 7-9】　将 $(63.1)_8$ 转换成二进制数。

解　$(63.1)_8 = (110011.001)_2$

7.2.2.4　二进制与十六进制数之间的转换

二进制与十六进制数之间的转换和二进制与八进制间的相互转换的方法是一样的，不同之处在于：每 4 位二进制数为一组，对应一位十六进制数。同样，一位十六进制数应转化成 4 位二进制数。

【例 7-10】　将 $(11001010.01)_2$ 转换成十六进制数。

解　$(111001010.01)_2 = (0001\ 1100\ 1010.0100)_2 = (1CA.4)_{16}$

7.2.3 二进制编码

即采用若干位二进制信息表示具体信息(数码信息、代码信息)的编码形式。数字系统中常用的编码(码制)有两类:二进制编码、二十进制编码。

7.2.3.1 二进制编码

常用的有两种:自然二进制码和循环二进制码。

(1) 自然二进制编码:是一种有权码。即这种编码中的每位代码都有固定的权值。其结构形式与二进制数完全相同。

(2) 循环二进制编码:是一种无权码。其特征是任何相邻的两个码字中,仅有一位代码不同,其他位代码则相同。该码又称单位距离码,编码方法不是唯一的。

7.2.3.2 二—十进制编码(BCD码)

将十进制数的各个数码用二进制的形式表示出来,这便是用二进制代码对十进制数进行编码,简称BCD码。

(1) 8421码:8421BCD码是从4位二进制数的0000到1111共16位组合中选取了前10种,即0000—1001,其余6种组合是无效的,这种编码方式中,二进制数码每位的位权与自然二进制码的位权是一致的。例如,二进制码0101所表示的十进制数为$0×8+1×4+0×2+1×1=5$,因此这种码称为8421BCD码,是一种有权码。

(2) 2421码、5211码、8421码:属于有权码,其特点是首尾对称的两个2421或5211码相加均等于11112(或910)

(3) 余三码:是在8421码的基础上,把每个代码都加上0011而形成的。主要优点是执行十进制数相加时,能正确地产生进位信号,而且还给减法运算带来了方便。

(4) 格雷码:是使任何两个相邻的代码只有一个二进制位的状态不同,其余三个二进制位必须有相同状态。特点是,从某一编码变到下一个相邻编码时,只有一位的状态发生变化,有利于得到更好的译码波形,格雷码属于一种循环码。

具有一定规律的常用的BCD码见表7-1。

表7-1 常用的几种BCD码

十进制	8421BCD码	5421码	2421码	余三码	格雷码
0	0000	0000	0000	0011	0000
1	0001	0001	0001	0100	0001
2	0010	0010	0010	0101	0011
3	0011	0011	0011	0110	0010
4	0100	0100	0100	0111	0110
5	0101	1000	0101	1000	0111
6	0110	1001	0110	1001	0101
7	0111	1010	0111	1010	0100
8	1000	1011	1110	1011	1100
9	1001	1100	1111	1100	1101

7.2.4 字符编码

对各个字母和符号进行编制的代码称为字符代码。字符代码的种类繁多,目前在计算机和数字通信系统中被广泛应用,主要有 ISO 和 ASCII 码。

ISO 编码是国际标准化组织编制的一组 8 位二进制码,主要应用于信息传送。这一组编码包括 0—9,共 10 个数码值、26 个英文字母以及 20 个其他符号的代码,共 56 个。8 位二进制码的其中一位是补偶校验位,用来把每个代码中的 1 的个数补成偶数以便查询。

ASCII 码采用 7 位二进制数编码,可以表示 128 个字符。它包括 10 个十进制数 0—9;26 个大小写字母;32 个通用控制符号。读码时先读列码,再读行码。

7.3 逻 辑 函 数

7.3.1 逻辑函数的基本概念

数字电路是一种开关电路,从电路的内部来看,管子导通或截止,可以用 1 或 0 表示;从电路的输出和输入来看,高电平和低电平也可用 1 和 0 来表示。换言之,数字电路的输入变量和输出变量之间是一种因果关系或称逻辑关系。这种仅有两个取值变化的逻辑关系通常用二值代数即逻辑代数来描述。逻辑代数又叫布尔代数。是分析数字系统的主要数学工具。

7.3.1.1 逻辑变量

逻辑代数中的变量称为逻辑变量。逻辑变量分为两类,即输入逻辑变量和输出逻辑变量。它们的取值只有 0 和 1 两种。这里的 0 和 1 没有实际的意义,只表示两种对立的状态。例如:如之前所介绍,若 0 表示开关断开,则 1 表示开关闭合;0 表示灯灭,则 1 表示灯亮;又或 0 表示低电平,则 1 表示高电平。

7.3.1.2 逻辑函数

对于任何一个数字电路,若输入逻辑变量 A、B、C… 的取值确定后,其输出变量 F 的值也被唯一确定了,则称 F 为 A、B、C… 的逻辑函数,并记为

$$Y = F(A、B、C…)$$

7.3.2 基本逻辑运算

逻辑代数中有 3 种基本运算,与运算、或运算和非运算。

7.3.2.1 与运算

只有当决定一件事情的所有条件都具备了,这件事情才会发生。这种因果关系称为"与逻辑","与逻辑"对应着"与运算"。

图 7-1 所示是一个典型的与逻辑电路。决定灯亮这件事的条件是开关 A 与 B 同时闭合。只闭合其一,灯 L 是不会亮的,所以这个电路符合与逻辑关系。

可以用列表的方式表示上述逻辑关系,如表 7-2 所示。左边两列列出两个开关所有的可能组合,右边列出相应的灯的状态。这种完整地表达所有的可能逻辑关系的表格称为真值表。

用二值逻辑 0 和 1 来表示与逻辑,输入端:设 0 表示开关断开,1 表示开关闭合。输出端:

0 表示灯灭,1 表示灯亮,则得到表 7-2 的真值表。

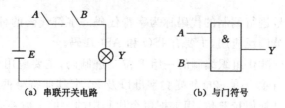

(a) 串联开关电路　　　　(b) 与门符号

图 7-1　与逻辑电路和符号

表 7-2　与逻辑真值表

A	B	Y
0	0	0
0	1	0
1	0	0
1	1	1

若用逻辑表达式来描述,则可写为

$$Y = A \cdot B \tag{7-5}$$

上式可读作 Y 等于 A 与 B,或 Y 等于 A 乘 B,与运算也称逻辑乘。图 7-1(b)为与运算逻辑符号,称为与门。

7.3.2.2　或运算

当决定一件事情的几个条件中,只要一个或一个以上条件具备,这件事情就会发生。这种因果关系称为或逻辑,或逻辑对应或运算。

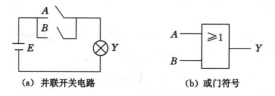

(a) 并联开关电路　　　　(b) 或门符号

图 7-2　或逻辑电路和符号

如图 7-2(a)所示,只要开关 A、B 中有一个闭合,灯就会亮,只有当 A、B 均不闭合时,灯才是灭的,该图即可实现或逻辑。表 7-3 给出了或运算的真值表。

表 7-3　或逻辑真值表

A	B	Y
0	0	0
0	1	1
1	0	1
1	1	1

用逻辑表达式来描述则可写成：

$$Y = A + B \tag{7-6}$$

上式可读作 Y 等于 A 或 B，或 Y 等于 A 加 B，或运算也称逻辑加。图 7-2(b) 为或运算逻辑符号，称为或门。

7.3.2.3　非运算

当决定一件事情的条件具备时该事情的结果不发生，当该条件不具备时，事件结果发生，这种因果关系称为非逻辑，非逻辑对应非运算。

图 7-3(a) 所示，当开关 A 闭合时灯灭，当开关 A 断开时灯亮，这样的因果关系称为非逻辑，非逻辑对应非运算。

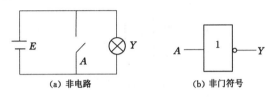

(a) 非电路　　　　(b) 非门符号

图 7-3　非逻辑电路和符号

表 7-4 给出了或运算的真值表。

表 7-4　非逻辑真值表

A	Y
0	1
1	0

用逻辑表达式来描述则可写成

$$Y = \overline{A} \tag{7-7}$$

上式可读作 Y 等于 A 反，或 Y 等于 A 非。图 7-3(b) 为非运算的逻辑符合，称为非门。

7.3.3　几种常用的逻辑运算

数字电路中除了与、或、非 3 种基本的逻辑运算外，还有 5 种常用的逻辑运算，这 5 种逻辑运算都是由 3 种基本逻辑运算组合而成的。它们分别是与非逻辑运算、或非逻辑运算、与或非逻辑运算、异或逻辑和同或逻辑运算。下面分别对这 5 种运算进行介绍。

7.3.3.1　与非运算

与非运算是由与、非两种运算复合而成，其逻辑表达式为

$$Y = \overline{AB} \tag{7-8}$$

其真值表如表 7-5。由表可知，只要输入变量 A、B 中有一个为 0，Y 就为 1，只有 A、B 全为 1 时 Y 才为 0。图 7-4 为其逻辑符号。

7.3.3.2　或非运算

或非运算是由或运算和非运算复合而成的，其逻辑表达式为

$$Y = \overline{A + B} \tag{7-9}$$

或非逻辑运算的真值表如表 7-6。由真值表可知，只要输入变量中有一个为 1 时，Y 就

输出 0，只要 A、B 全为 0 时，Y 才为 1。图 7-5 为其逻辑符号。

表 7-5 与非逻辑真值表

A	B	Y
0	0	1
0	1	1
1	0	1
1	1	0

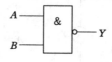

图 7-4 与非门符号

表 7-6 或非逻辑真值表

A	B	Y
0	0	1
0	1	0
1	0	0
1	1	0

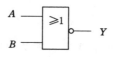

图 7-5 或非门符号

7.3.3.3 与或非运算

与或非逻辑运算是由与、或、非 3 种运算复合而成的。其逻辑表达式为

$$Y = \overline{AB + CD} \tag{7-10}$$

与或非逻辑运算的真值表如表 7-7。由真值表可知，当输入端的任何一组全为 1 时，输出为 0，只有任何一组输入都至少有一个为 0 时，输出端才为 1。图 7-6 为其逻辑符号。

表 7-7 与或非逻辑真值表

A	B	C	D	Y
0	0	0	0	1
0	0	0	1	1
0	0	1	0	1

表 7-7(续)

A	B	C	D	Y
0	0	1	1	0
0	1	0	0	1
0	1	0	1	1
0	1	1	0	1
0	1	1	1	0
1	0	0	0	1
1	0	0	1	1
1	0	1	0	1
1	0	1	1	0
1	1	0	0	0
1	1	0	1	0
1	1	1	0	0
1	1	1	1	0

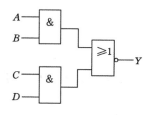

图 7-6　与或非门符号

7.3.3.4　异或运算

异或运算的逻辑关系是,当 A、B 取相同值时,Y 的值为 0,当 A、B 取不同值时 Y 的值为 1,其逻辑表达式为

$$Y = A \oplus B = \overline{A}B + A\overline{B} \tag{7-11}$$

其真值表如表 7-8,图 7-7 为其逻辑符号。

表 7-8　异或逻辑真值表

A	B	Y
0	0	0
0	1	1
1	0	1
1	1	0

7.3.3.5　同或运算

同或运算的逻辑关系是,当 A、B 取相同值时,Y 的值为 1,当 A、B 取不同值时,Y 的值为 0。其逻辑表达式为:

图 7-7　异或门符号　　　　　　　　　　图 7-8　同或门符号

$$Y = A \odot B = AB + \overline{AB} \tag{7-12}$$

其真值表如表 7-9,图 7-8 为其逻辑符号。

表 7-9　同或逻辑真值表

A	B	Y
0	0	1
0	1	0
1	0	0
1	1	1

以上 5 种常用的逻辑门电路,除了同或门外,其余 4 个门电路均有相应产品,而同或门可以通过异或门接非门构成。

7.3.4　逻辑函数的表示方法

逻辑函数有多种表示方法,而常用的有 5 种,即逻辑真值表、逻辑表达式、逻辑电路图、逻辑卡诺图和波形图。且这 5 种方法之间可以进行相互转换。

7.3.4.1　逻辑真值表

逻辑真值表简称为真值表,是反映输入变量各种取值组合与输出变量取值组合之间关系的表格。如果逻辑函数有 n 个输入变量,则有 2^n 种输入组合,如表 7-2—表 7-9。真值表的特点是直观明了、使用方便;缺点是数据量大,比较繁琐。

7.3.4.2　逻辑表达式

逻辑表达式也叫逻辑函数式,是指用基本的、常用的逻辑运算来表示逻辑函数中各个变量之间逻辑关系的代数式。例如,$Y = AB + BC + AC$,式中每个乘积项都是与运算,而 3 个乘积项之间又是或运算。

表达式的主要特点是书写简单、方便灵活,且可以使用公式和定理进行变换、证明。但有时表示复杂。

7.3.4.3　逻辑电路图

将逻辑表达式中与、或、非等基本运算和常用的几种逻辑运算用逻辑门来表示,这样的图形就是逻辑电路。逻辑门一般都有相应的集成芯片,使用起来比较方便,适于实际电路的设计和连接。例如,函数 $Y = \overline{AB + CD}$ 的逻辑电路图如图 7-6 所示。

7.3.4.4　卡诺图

卡诺图是表示逻辑函数的一种重要方法,将在后面重点讲述。

7.3.4.5　波形图

反映逻辑函数的输入变量和输出变量之间随时间变化的图形称为波形图。如果已知输入变量的波形,就可以根据输入表达式或真值表画出输出变量的输出波形。这种方法叫作波形图法，将在后面介绍波形图法，这里不再讲述。

7.4 逻 辑 代 数

7.4.1 逻辑代数的基本定律

逻辑代数与普通代数一样，也有相应的定律、定理和公式。利用这些定律、定理和公式可以得到更多的常用逻辑运算，并可对复杂逻辑运算进行化简。

逻辑代数的基本公式见表 7-10，主要包括九个定律，其中有的定律与普通代数定律相似，有的定律与普通代数定律不同，使用时要注意区分。

表 7-10 逻辑代数的基本定律和公式

名称	公式 1	公式 2
0—1 律	$A \cdot 1 = A$	$A + 0 = A$
	$A \cdot 0 = 0$	$A + 1 = 1$
互补律	$A\overline{A} = 0$	$A + \overline{A} = 1$
重叠律	$AA = A$	$A + A = A$
交换律	$AB = BA$	$A + B = B + A$
结合律	$A(BC) = (AB)C$	$A + (B + C) = (A + B) + C$
分配律	$A(B + C) = AB + AC$	$A + BC = (A + B)(A + C)$
反演律	$\overline{AB} = \overline{A} + \overline{B}$	$\overline{A + B} = \overline{AB}$
吸收律	$A(A + B) = A$	$A + AB = A$
	$A(\overline{A} + B) = AB$	$A + \overline{A}B = A + B$
	$AB + \overline{A}C + BCD = AB + \overline{A}C$	$AB + \overline{A}C + BC = AB + \overline{A}C$
结合律	$\overline{\overline{A}} = A$	

7.4.2 逻辑代数运算的基本规则

7.4.2.1 代入规则

对于任何一个逻辑等式，以某个逻辑变量或逻辑函数同时取代等式两端任何一个逻辑变量后，等式仍成立。

利用代入规则可以方便地扩展公式。例如，在等式 $A(A + B) = A$ 中，将等式两边所有出现 A 的地方都用 $Y = A + B$ 来代替，则 $(A + B)(A + B + B) = A + B$，即等式仍然成立。

由此反演律能推广到 n 个变量：

$$\overline{A_1 \cdot A_2 \cdot \cdots \cdot A_n} = \overline{A_1} + \overline{A_2} + \cdots + \overline{A_n}$$

$$\overline{A_1 + A_2 + \cdots + A_n} = \overline{A_1} \cdot \overline{A_2} \cdot \cdots \cdot \overline{A_n}$$

7.4.2.2 反演规则

对于任意的一个表达式 Y,如果把 Y 中所有的"与"换成"或","或"换成"与";"0"换成"1","1"换成"0",原变量换成反变量,反变量换成原变量,那么得到一个新的函数表达式 $\overline{Y}$,称 $\overline{Y}$ 为 Y 的反函数,这个规则叫反演规则。

【例 7-11】 利用反演规则求 $Y = \overline{A}C + B\overline{D}$ 的反函数。

解 $$\overline{Y} = (A + \overline{C})(\overline{B} + D)$$

7.4.2.3 对偶规则

对于任意的一个表达式 Y,如果把 Y 中所有的"与"换成"或","或"换成"与","0"换成"1","1"换成"0",那么得到一个新的函数表达式 Y',称 Y' 为原函数 Y 的对偶式。实际上对偶是相互的,故 Y 也是 Y' 的对偶函数。

对偶规则性质:如果两个函数表达式相等,那么他们的对偶式也相等。

【例 7-12】 求 $Y = (A\overline{B} + \overline{A}B)1$ 的对偶表达式 Y'。

解 $Y' = (A + \overline{B})(\overline{A} + B) + 0 = AB + \overline{A}\overline{B}$

7.4.3 用逻辑代数化简逻辑函数

7.4.3.1 化简的意义

在逻辑函数的几种表示方法中,表达式表示法不是唯一的,同一个逻辑函数可以有多个表达式,例如:$Y = A + AB$ 和 $Y = A(A + B)$ 表示的就是同一个逻辑函数。在设计数字电路时,通常对逻辑函数进行化简,即用最简的表达式设计电路。函数化简的目的如下,

① 减少所使用的逻辑门电路的数量。

② 减少门的输入端个数。

③ 减少逻辑电路构成级数。

④ 保证逻辑电路更可靠地工作。

⑤ 降低成本。

⑥ 提高电路的工作速度和可靠性。

7.4.3.2 最简式的标准

化简后的表达式称为最简式。根据表达式的特点,最简式分为最简与或式、最简与非-与非式、最简或非-或非式、最简与或非式和最简或与式五种。

① 与或表达式:$Y = \overline{A}B + AC$

② 或与表达式:$Y = (A + B)(\overline{A} + C)$

③ 与非与非表达式:$Y = \overline{\overline{AB} \cdot \overline{AC}}$

④ 或非或非表达式:$Y = \overline{\overline{A + B} + \overline{A + C}}$

⑤ 与或非表达式:$Y = \overline{\overline{AB} + \overline{AC}}$

一种形式的函数表达式对应于一种逻辑电路。尽管一个逻辑函数表达式的各种表示形式不同,但逻辑功能是相同的。

7.4.4.3　用代数法化简逻辑函数

（1）并项法

运用公式 $A + \overline{A} = 1$，将两项合并为一项，消去一个变量，例如：

$$Y = A(BC + \overline{B}\,\overline{C}) + A(B\overline{C} + \overline{B}C) = ABC + A\overline{B}\,\overline{C} + AB\overline{C} + A\overline{B}C$$
$$= AB(C + \overline{C}) + A\overline{B}(C + \overline{C}) = AB + A\overline{B} = A$$

（2）吸收法

运用吸收律 $A + AB = A$ 消去多余的项，如

$$Y = A\overline{B} + A\overline{B}(C + DE) = A\overline{B}$$

① 消去法

运用吸收律 $A + \overline{A}B = A + B$ 消去多余因子，如

$$Y = \overline{A} + AB + \overline{B}E = \overline{A} + B + \overline{B}E = \overline{A} + B + E$$

② 配项法

先通过乘以（ $A + \overline{A}$ ）或加上 $A\overline{A}$ ，增加必要的乘积项，再用以上方法化简。

$$Y = AB + \overline{A}C + BCD = AB + \overline{A}C + BCD(A + \overline{A})$$
$$= AB + \overline{A}C + ABCD + \overline{A}BCD = AB + \overline{A}C$$

7.5　卡　诺　图

卡诺图表示法是真值表表示法的另一种表示形式，它是用小方块图的形式把逻辑函数的变量取值组合和函数值之间的对应关系直观地表示出来的一种表示方法。在逻辑函数的四种表示方法中，卡诺图、真值表、标准与或式都是唯一的，它们之间有着一一对应的关系。

7.5.1　逻辑函数的最小项

7.5.1.1　逻辑函数的标准与或式

前面已经学过由真值表写表达式的方法，即把所有函数值为 1 的乘积项加起来就可以得到真值表所对应的表达式。每一个乘积项都具有标准的形式，这种标准的乘积项称为最小项，因而被称为标准与或式，也叫最小项。

7.5.1.2　最小项的定义

一般地说，对于 n 个变量，p 是一个含有 n 个因子的乘积项，在 p 中每个变量都以原变量或反变量的形式出现且仅出现一次，那么称 p 是 n 个变量的一个最小项。也就是说，n 个输入变量的每组变量取值组合对应一个最小项，那么 n 组变量取值组合对应 $2n$ 个最小项。

7.5.1.3　最小项的编号

为了书写方便，对最小项采用编号的形式，编号的方法是：

（1）把最小项所对应的取值组合看成二进制数；

（2）把二进制数转换成十进制数；

（3）该十进制数就是最小项所对应的编号。

7.5.1.4　最小项的性质

（1）任何一个最小项，都对应一组变量取值组合，有且只有这一组变量取值组合使它的值为 1。

（2）任何两个最小项的乘积为 0。

（3）全部最小项的和为1。

7.5.2 卡诺图的结构

7.5.2.1 变量卡诺图

（1）两变量、三变量、四变量卡诺图

如图 7-9(a)、(b)、(c)所示。

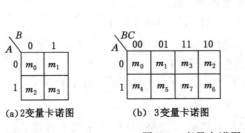

(a)2变量卡诺图　　　(b) 3变量卡诺图　　　(c)4变量卡诺图

图 7-9　变量卡诺图

（2）画变量卡诺图的步骤

① 画成正方形或长方形,根据输入变量的个数确定卡诺图。n 个变量的卡诺图分割成 2^n 个块,每个小方块对应 n 个变量的一个最小项。

② 正方形或长方形的左边和上边是输入变量的取值。最小项的序号与方格的序号相同,根据方格外边行变量和列变量的取值决定。

变量取值顺序采用的是循环码顺序,循环码也叫格雷码,是由二进制码变换的。变量卡诺图的变量取值之所以按循环码的顺序排列,是为了保证凡是几何相邻的最小项在逻辑上也相邻。

下面介绍几何相邻和逻辑相邻的定义和特点:

a. 几何相邻:最小项在卡诺图中凡是满足下面三种情况中一种或一种以上的就叫几何相邻。这三种情况分别是:

相接——挨着的最小项;

相对——一行或一列两头的最小项;

相重——对折起来能够重合的最小项。

b. 逻辑相邻:只有一个变量不同,其余变量都相同的两个最小项被称为具有逻辑相邻性的最小项。

7.5.2.2 逻辑函数卡诺图

（1）由真值表画逻辑函数卡诺图

其方法是:先画变量卡诺图,然后把真值表中每组变量取值组合所对应的函数值对应地填入变量卡诺图中的小方块中(函数值为1的最小项所对应的小方块中填1,函数值为0的最小项所对应的小方块中填0)就可以了。

【例 7-13】 试画出表 7-11 所列的真值表所对应的逻辑卡诺图。

解　表 7-11 所对应的卡诺图如图 7-10 所示。

表 7-11　真值表

A	B	C	Y
0	0	0	0
0	0	1	1
0	1	0	1
0	1	1	0
1	0	0	1
1	0	1	1
1	1	0	0
1	1	1	0

A \ BC	00	01	11	10
0	0	1	0	1
1	1	1	0	0

图 7-10　例 7-13 的真值表

(2) 由表达式画逻辑函数卡诺图

方法:先画变量卡诺图,然后在变量卡诺图中找到含有表达式中乘积项公因子的最小项的小方块,填入 1,其余的小方块里填入 0。

【例 7-14】　试画出表达式 $Y=BC+C\overline{D}+\overline{B}CD+\overline{ACD}$ 的逻辑卡诺图。

解　利用配项法可将表达式化为最小项表达式的形式:

$$Y=\sum m(1,2,3,5,6,7,10,11,14,15)$$

从而得到 Y 的卡诺图如图 7-11 所示。

AB \ CD	00	01	11	10
00	0	1	1	1
01	0	1	1	1
11	0	0	1	1
10	0	0	1	1

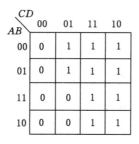

图 7-11　例 7-14 卡诺图

7.5.3　用卡诺图化简逻辑函数

利用卡诺图化简逻辑函数的方法称为卡诺图化简法。凡是逻辑相邻的最小项是可以合并的,合并以后等于它们的公因子。在卡诺图中,几何相邻的最小项可以直观地被看出从而进行合并,这就是为什么让最小项的几何相邻和逻辑相邻保证一致的原因。

在合并几何相邻(逻辑相邻)的最小项时遵循以下原则:

只有 2^n 个最小项可以合并。合并时去掉 n 个变量,即 2 个最小项合并时去掉 1 个变量,4 个最小项合并时去掉 2 个变量,8 个最小项合并时去掉 3 个变量,16 个最小项合并时去掉 4 个变量,依次类推。

卡诺图化简逻辑函数的步骤如下:

(1) 画出逻辑函数卡诺图;

(2) 合并几何相邻的最小项;

(3) 将合并最小项得到的所有乘积项加起来就得到了逻辑函数的最简与或式。

在合并几何相邻的最小项时应注意以下几点:

(1) 合并最小项时,圈的个数要画得最少;

(2) 合并最小项时,圈要画得最大;

(3) 一个最小项可以多次被合并,但是每个合并圈里必须至少有一个属于自己的没被其他圈合并过的最小项,否则这个圈是多余的;

(4) 必须把组成函数的全部最小项圈完;

(5) 检查。

【**例 7-15**】 用卡诺图化简函数 $Y = \overline{A}BCD + A\overline{B}CD + AB\overline{C}D + \overline{A}\overline{B}CD$

解 (1) 画出该函数表达式的卡诺图;

(2) 合并最小项;

(3) 写最简与或表达式。

如图 7-12 所示,其最简与或表达式为:$Y = \overline{A}CD + \overline{B}CD$。

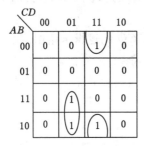

图 7-12 例 7-15 逻辑卡诺图

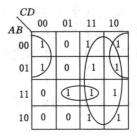

图 7-13 例 7-16 逻辑卡诺图

【**例 7-16**】 用卡诺图化简函数 $Y = \sum m(0,2,3,4,6,7,10,11,13,14,15)$

解 (1) 画出该函数表达式的卡诺图;

(2) 合并最小项;

(3) 写最简与或表达式。

如图 7-13 所示,其最简与或表达式为:$Y = C + \overline{AD} + ABD$。

7.5.4 具有约束的逻辑函数的化简

7.5.4.1 约束项和约束条件

(1) 约束项

在逻辑函数的实际应用中,常常会遇到这样的问题,输入变量的某些取值组合可以是任意的,或者说,这些取值组合根本就不会出现,因此它们的取值对逻辑函数值没有任何影响。这些变量取值所对应的最小项称为约束项或无关项,具有约束项的逻辑函数称为具有约束的逻辑函数。

（2）约束条件

把约束项加起来构成的恒等于 0 的逻辑表达式就叫约束条件。约束项在真值表和卡诺图中用"×"来表示，以区别于其他的最小项。

7.5.4.2　具有约束的逻辑函数的化简

约束项是不能出现的最小项，它们的取值对逻辑函数值没有任何影响。因此约束项可以取 0 也可以取 1，具体取什么，由使逻辑函数尽量简化而定。

【例 7-17】 用卡诺图化简函数 $Y = \sum m(1, 3,5,7,9) + \sum d(10,11,12,13,14,15)$

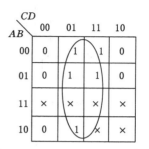

图 7-14　例 7-17 逻辑卡诺图

解　（1）画出该函数表达式的卡诺图。约束项用"×"表示。

（2）确定约束项的取值。

（3）合并最小项，写最简与或表达式。

如图 7-14 所示，其最简与或表达式为：$Y = D$。

7.6　逻辑系列及其特性

7.6.1　TTL 系列简介

7.6.1.1　TTL74 系列简介

TTL 集成电路自 20 世纪 60 年代问世以来，经过不断改进，已能较好地处理速度与功耗之间的矛盾，至今仍是最流行的集成电路系列之一。TTL 分为 54 和 74 两大系列，54 系列一般用于军用，其供用电压为 4.5−5.5 V，可在 −55−+1 250 ℃ 的温度下工作。74 系列用于民用，其供电电压为 4.75−5.25 V，工作的环境温度为 0−70 ℃。每个系列又分为若干子系列。图 7-15 为 74 系列中两款芯片的引脚图。

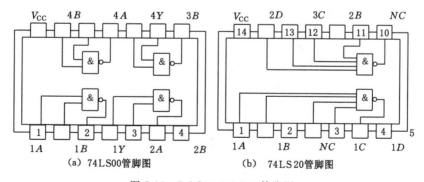

（a）74LS00管脚图　　　（b）74LS20管脚图

图 7-15　74LS00、74LS20 管脚图

① 电路结构：如图 7-16(a)所示，多发射极晶体管 V_1 和电阻 R_1 构成输入级。其功能是对输入变量 A、B、C 实现与运算。晶体管 V_2 和电阻 R_2、R_3 构成中间级，晶体管 V_3、V_4、

V_5 和电阻 R_4、R_5 构成输出级。图 7-16(b)为其逻辑符号。

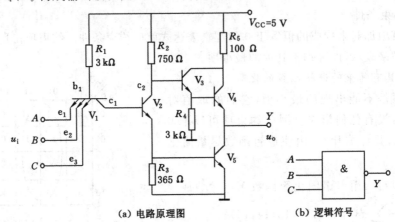

(a) 电路原理图   (b) 逻辑符号

图 7-16   典型的 TTL 与非门电路

② 工作原理:当输入端至少有一端接低电平时,输出为高电平;当输入端全部接高电平时,输出为低电平。电路的输出和输入之间满足与非逻辑关系。

7.6.1.2   TTL 集成电路的使用注意事项

(1) 电源电压应满足在标准值 5 V±10% 的范围;

(2) TTL 电路的输出端所接负载不能超过规定的扇出系数;

(3) 注意 TTL 门多余输入端的处理方法。

7.6.2   TTL 系列参数和特性

7.6.2.1   TTL 与非门

(1) TTL 与非门的工作原理;

其工作原理如 7.6.1.1 所述。

(2) TTL 与非门的电压传输特性,图 7-17 所示为 TTL 与非门的电压传输特性曲线。

AB 段:$u_i < 0.6$ V。输入低电平,V_1 导通,V_2、V_5 截止,V_3 微饱和导通,V_4 导通,$u_o = U_{OH} = 3.6$ V。属于"关门"状态。

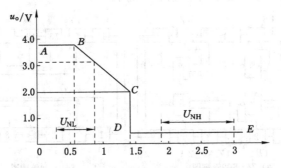

图 7-17   TTL 与非门的电压传输特性

BC 段:$u_i = 0.6$ V—1.4 V。输入超过标准低电平。u_o 随 u_i 升高而下降。这一段 U_{B5} 小于 0,V_5 截止。

CD 段：$u_i \approx 1.4$ V。V_5 导通电流较大，V_5 很快由导通转为饱和，使输出幅度明显下降，这一段为电压传输特性的转折区。

DE 段：$u_i > 1.4$ V。V_5 饱和导通，V_4 截止。$u_o = U_{OL} \approx 0.3$ V，属于与非门的开门状态。

（3）输入负载特性

输入电压 u_i 随输入端对地外接电阻 R_1 变化的曲线，称为输入负载特性。图 7-18(a)是其电路图，(b)图是 TTL 与非门的输入负载特性曲线。

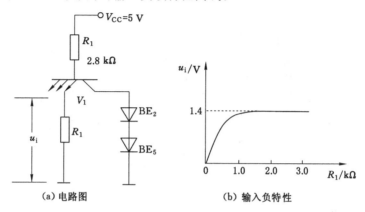

（a）电路图　　　　　（b）输入负特性

图 7-18　TTL 与非门的输入负载特性

（4）输出负载特性

输出负载特性是指输出电压 U_O 随负载电流 i_L 变化的特性曲线。输出负载分为输出低电平时的输出等效电路及输出负载特性；输出高电平时的输出等效电路及输出负载特性。输出低电平负载的电流由负载流入与非门，称为灌电流，这时电流与输出电压成正比。输出高电平负载的电流是从发射极流入负载，称为拉电流，此时电流与电压称反比。实际应用中应根据实际选择参数。

（5）TTL 与非门主要参数

① 标称逻辑电平 U；

② 开门电平 U_{ON}、关门电平 U_{OFF}；

③ 输出高电平 U_{OH} 和输出低电平 U_{OL}；

④ 平均传输延迟时间 t_{pd}；

⑤ 噪声容限 U_{NH} 和 U_{NL}；

⑥ 输入短路电流 I_{IS}；

⑦ 输入漏电流 I_{IH}；

⑧ 最大灌电流 I_{OLmax} 和最大拉电流 I_{OHmax}；

⑨ 扇入系数 N_I 和扇出系数 N_O。

7.6.2.2　TTL 集电极开路与非门

（1）集电极开路与非门（OC 与非门）的结构特点

OC 与非门的电路特点是其输出管的集电极开路。使用时必须外接上拉电阻 R_L 与电源相连。多个 OC 与非门输出端相连时，可以共用一个上拉电阻。

(2) 工作原理

如图 7-19 所示,OC 与非门接上上拉电阻 R_L 后,当输入中有低电平时,V_2、V_5 均截止,Y 端输出高电平($U_{OH} \approx V_{CC2}$)。

当其输入全是高电平时,V_2、V_5 均导通,只要 R_L 取值适当,V_5 就可以达到饱和,使 Y 端输出低电平($U_{OL} \approx 0.3$ V)。

OC 与非门外接上拉电阻 R_L 后,就成了一个与非门。

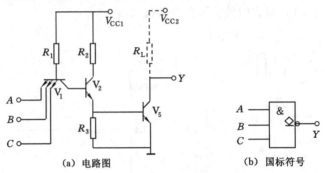

(a) 电路图   (b) 国标符号

图 7-19   OC 门电路

(3) OC 门的应用

图 7-20 所示为两个 OC 与非门并联后的电路,图中两个门输出线连接处的矩形框表示"线与"逻辑功能的图形符号,经上拉电阻 R_L 接电源 V_{CC}。至少有一个 OC 与非门的所有输入都为高电平时,输出 Y 为低电平;只有每个 OC 与非门的输入中有低电平时,输出才为高电平,这种逻辑功能称为"线与",逻辑表达式为 $Y = \overline{AB} \cdot \overline{CD}$。

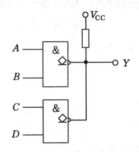

图 7-20   OC 门实现"线与"

7.6.2.3   TTL 三态门

三态门有三种状态:高电平、低电平和高阻态。常见的 TTL 三态门有三态与非门、三态缓冲门、三态非门、三态与门。各种三态门又分为低电平有效的三态门和高电平有效的三态门。

低电平有效的三态门是指 $\overline{EN} = 0$ 时,三态门工作,当 $\overline{EN} = 1$ 时,三态门禁止。

如图 7-21(a)所示,为高电平有效的三态与非门,当 $EN = 1$ 时,实现与非门的逻辑功能,即 $Y = \overline{AB}$;当 $EN = 0$ 时,与非的逻辑功能被封锁,三态门的输出为高阻态。图 7-21(b)为 TTL 三态非门,当 $\overline{EN} = 0$ 时,实现非逻辑运算,即 $Y = \overline{A}$;当 $\overline{EN} = 1$ 时,输出为高阻态。

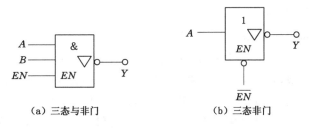

（a）三态与非门　　　　（b）三态非门

图 7-21　TTL 三态门逻辑符号

7.6.3　CMOS 系列简介

　　MOS 集成门电路具有工艺简单、集成高度高、抗干扰能力强、功耗低等优点，所以 MOS 集成门电路的发展十分迅速。MOS 集成门电路是采用 MOS 管作为开关元件的数字集成电路。MOS 门有 PMOS、NMOS 和 CMOS 三种类型，PMOS 电路工作速度低且采用负电压，不便与 TTL 电路相连；NMOS 电路工作速度比 PMOS 电路要高、集成度高，便于和 TTL 电路相连，但带电容负载能力较弱；CMOS 电路又称互补 MOS 电路，它突出的优点是静态功耗低、抗干扰能力强、工作稳定性好、开关速度高，是性能较好且应用较广泛的一种电路。

7.6.3.1　COMS 集成电路产品简介

　　CMOS 逻辑门器件有三大系列：4000 系列、74C××系列和硅-氧化铝系列。前两个系列产品应用很广，而硅-氧化铝系列因价格昂贵目前尚未普及。74C××系列有：普通 74C××系列、高速 CMOS74HC××/HCT××系列及先进的 CMOS74AC××/ACT××系列。其中，74HCT××和 74ACT××系列可直接与 TTL 兼容。它们的功能及管脚设置均与 TTL74 系列一致。

7.6.3.2　CMOS 集成电路的应用

　　COMS 集成电路的有点很多，应用十分广泛，有许多与 TTL 电路相似，如 CMOS 漏极开路与非门可以实现高低电平的转换，用来实现"线与"和驱动 LED 等，在此就不做具体介绍了。

　　在数字系统实际应用中，尤其是在大电流、超高速和环境比较恶劣的场合使用时，CMOS 集成电路必须和双极型电路相配用。两种不同类型器件连接时，要注意输入、输出电平、负载能力等参数不同的问题。用 CMOS 电路可以实现与 TTL 电路的相互驱动。

7.6.3.3　CMOS 集成电路使用注意事项

　　TTL 电路的使用注意事项，一般对 CMOS 也适用。因 CMOS 电路容易产生栅极击穿问题，所以要特别注意以下几点：

　　（1）避免静电损失。存放 CMOS 电路不能用塑料袋，要用金属将管脚短接起来或用金属盒屏蔽。工作台应当用金属材料覆盖并良好接地。焊接时，电烙铁盒应接地。

　　（2）多余输入端的处理方法。CMOS 电路的输入阻抗高，易受外界干扰的影响，所以 CMOS 电路的多余输入端不允许悬空。多余输入端应根据逻辑要求或接电源，或接地，或与其他输入端连接。

7.6.4　射极耦合逻辑系列简介

7.6.4.1　ECL 门电路的基本结构

由于 TTL 中的 BJT 工作在饱和状态,开关速度受到了限制,只有改变电路的工作方式,从饱和型变成非饱和型,才能从根本上提高速度。ECL 门就是一种非饱和型高速数字集成电路,它的平均传输延迟时间可在 2 ns 以下,是目前双极型电路中最高的。

简单的 ECL 的基本结构,是采用三个硅 BJT 组成的射极耦合电路。输出电流受输入电流的控制,所以 ECL 电路又称电流开关型电路。

7.6.4.2　ECL 门的工作特点

(1) BJT 工作在放大区和截止区,集电极点位总高于基极电位,这就避免了 BJT 因为工作在饱和状态而产生的存储电荷问题。

(2) 逻辑电平的电压摆幅小,输入电压变化 $\Delta V_i = 1$ V,集电极输出电压 $\Delta V_o = 0.85$ V,高低电平的电压差值已经小到只能区分 BJT 的导通和截止两种状态。集电极输出电压的变化小,这不仅有利于电路的转换,而且可采用很小的集电极电阻 R_C。因此,ECL 门的负载电阻总是在几百欧的数量级,使输出回路的时间常数比一般饱和型电路小,有利于提高开关速度。

(3) ECL 门的速度快,常用于高速系统中。它的主要缺点是制造工艺要求高、功耗大、抗干扰能力强。而且由于输出电压是负值,若与它们的电路接口,需用专门的电平移动电路。

习　　题

1. 将下列十进制数转化为二进制、八进制数和十六进制数。

(1)(22.24)₁₀ 　　(2)(108.08)₁₀ 　　(3)(66.625)₁₀ 　　(4)(163.72)₁₀

2. 将下列二进制数转化为十进制数、八进制数和十六进制数。

(1)(111101)₂ 　　(2)(0.100011)₂ 　　(3)(101101.001)₂ 　　(4)(1111011.101)₂

3. 将下列各数转化为二进制和 8421BCD 码。

(1)(25)₁₀ 　　(2)(163)₁₀ 　　(3)(235.46)₁₀ 　　(4)(52.25)₁₀

4. 由真值表证明下列恒等式。

(1) $A(B \oplus C) = AB \oplus AC$

(2) $(\overline{A} + B)(A + C)(B + C) = (\overline{A} + B)(A + C)$

(3) $A \oplus B = \overline{A} \odot B = A \oplus B \oplus 0$

5. 用基本定律和运算规则证明下列恒等式。

(1) $(A + B + C)(\overline{A} + \overline{B} + \overline{C}) = A\overline{B} + \overline{A}C + B\overline{C}$

(2) $A\overline{B}(C + D) + D + \overline{D}(A + B)(B + \overline{C}) = D + A + B$

(3) $\overline{AB + A\overline{B}} = \overline{A}(A + \overline{B}) + A(\overline{A} + B)$

(4) $AB + \overline{B}CD + \overline{A}C + ACD + \overline{C}D = AB + \overline{A}C + D$

6. 利用公式法化简下列函数。

(1) $Y = AB(BC + A)$

(2) $Y = (A \oplus B)C + ABC + \overline{AB}C$

(3) $Y = \overline{\overline{\overline{ABC}}(B + \overline{C})}$

(4) $Y = \overline{\overline{\overline{A\overline{B} + ABC} + A(B + A\overline{B})}}$

(5) $Y = (\overline{A} + \overline{B} + \overline{C})(B + \overline{B}C + \overline{C})(\overline{D} + DE + \overline{E})$

(6) $Y = \overline{B} + ABC + \overline{AC} + \overline{AB}$

7. 用卡诺图法化简下列函数。

(1) $Y = \overline{AC + \overline{A}BC + \overline{B}C + AB\overline{C}}$

(2) $Y = \overline{A}CD + B\overline{CD} + \overline{ABD} + BC\overline{D}$

(3) $Y = A\overline{B}C + AC + \overline{A}BC + \overline{B}CD$

(4) $Y = A\overline{B} + ABD + ABC + \overline{A}BD + AD$

(5) $Y(A, B, C) = \sum m(0, 2, 4, 5, 6)$

(6) $Y(A, B, C, D) = \sum m(0, 1, 2, 3, 4, 5, 8, 10, 11, 12)$

(7) $Y(A, B, C, D) = \sum m(2, 6, 7, 8, 9, 10, 11, 13, 14, 15)$

(8) $Y(A, B, C, D) = \sum m(0, 1, 2, 3, 4, 5, 8, 10, 11, 12)$

8. 用卡诺图化简下列具有约束条件的逻辑函数。

(1) $Y(A, B, C, D) = \sum m(0, 1, 2, 3, 6, 8) + \sum d(10, 11, 12, 13, 14, 15)$

(2) $Y(A, B, C, D) = \sum m(2, 4, 6, 7, 12, 15) + \sum d(0, 1, 3, 8, 9, 11)$

(3) $Y(A, B, C, D) = \sum m(0, 2, 4, 6, 9, 13) + \sum d(3, 5, 7, 11, 15)$

(4) $Y(A, B, C, D) = \sum m(0, 13, 14, 15) + \sum d(1, 2, 3, 9, 10, 11)$

9. 试判断下列三态门电路的输出状态。

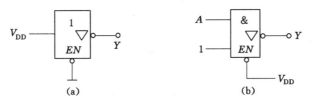

图 7-22 习题 9 电路

第8章 组合逻辑电路

本章主要教授组合逻辑电路的分析与设计、编码器与译码器、选择器、加法器等知识。其重点和难点内容是组合逻辑电路的分析与设计。

8.1 组合逻辑电路的分析和设计

8.1.1 组合逻辑电路的分析

8.1.1.1 组合逻辑电路概述

数字逻辑电路根据逻辑功能不同可分为：组合逻辑电路和时序逻辑电路。本章介绍组合逻辑电路的特点、分析方法、设计方法及常见的组合逻辑电路。

组合逻辑电路的特点是：任意时刻电路的输出仅取决于当前时刻电路的输入，与电路原来的状态无关。即组合逻辑电路的输出与输入的关系是即时性的。

组合逻辑电路的一般示意框图如图 8-1 所示，其可以有一个或多个输入端，也可以有一个或多个输出端。每个输出变量是其输入的逻辑函数，其每个时刻的输出变量的状态仅与当时的输入变量的状态有关，与本输出的原来状态及输入的原状态无关，也就是输入状态的变化立即反映在输出状态的变化。

图 8-1　组合逻辑电路的一般框图

图中 $x_1, x_2, \cdots, x_n$ 表示输入变量，$y_1, y_2, \cdots, y_n$ 表示输出变量。该组合逻辑电路的模型可以用以下函数式表示为：

$$y_1 = f_1(x_1, x_2, \cdots, x_n)$$
$$y_2 = f_2(x_1, x_2, \cdots, x_n)$$
$$y_n = f_n(x_1, x_2, \cdots, x_n)$$

$$(8-1)$$

从结构上来看，组合逻辑电路信号的传递是单向的，没有从输出到输入的反馈。即组合逻辑电路不包含存储单元，是无记忆性的电路。

研究组合逻辑电路的任务包含 3 个方面：

（1）分析给定的组合逻辑电路，掌握其功能；

（2）根据逻辑命题的需要，设计组合逻辑电路；

（3）掌握并会用常用的组合逻辑电路。

8.1.1.2 组合逻辑电路分析

分析组合逻辑电路的目的是得到已知电路的逻辑功能。

组合逻辑电路的分析流程如图 8-2 所示。

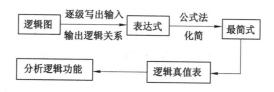

图 8-2 　组合逻辑电路分析流程图

即分析组合电路要经历以下步骤：

（1）由已知的逻辑电路图写出电路的逻辑表达式；

（2）将得到的逻辑表达式进行化简或变换得到最简式；

（3）根据最简式列出真值表；

（4）由得到的真值表或最简式分析并确定电路的功能。

8.1.1.3 组合逻辑电路分析举例

【例 8-1】 已知逻辑电路如图 8-3 所示，分析该电路的功能。

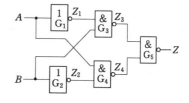

图 8-3 　例 8-1 逻辑图

解 首先从输入端到输出端逐级写出各个门电路的逻辑表达式，直到写出总输出变量 Z 与输入变量 A、B 之间的逻辑表达式。

G_1 门：$Z_1 = \overline{A}$；G_2 门：$Z_2 = \overline{B}$；

G_3 门：$Z_3 = \overline{BZ_1} = \overline{B\overline{A}}$；

G_4 门：$Z_4 = \overline{AZ_2} = \overline{A\overline{B}}$；

G_5 门：$Z = \overline{Z_3 Z_4} = \overline{\overline{B\overline{A}} \cdot \overline{A\overline{B}}}$

$$(8\text{-}2)$$

接下来，如果得到的输出表达式不是最简形式，则需要将其进行化简或变换，进而得到最简表达式。

即此处要将 Z 进行化简整理：

$$Z = \overline{Z_3 Z_4} = \overline{\overline{B\overline{A}} \cdot \overline{A\overline{B}}} = B\overline{A} + A\overline{B} = A \oplus B \qquad (8\text{-}3)$$

此后，由最简式列出真值表，见表 8-1。

表 8-1 　例 8-1 的真值表

A	B	Z
0	0	0
0	1	1
1	0	1
1	1	0

由真值表可见,当两个输入变量 A,B 相同时,输出为"1";否则,输出为"0",所以该电路具有异或运算的功能。

【例 8-2】 电路逻辑图如图 8-4 所示,A、B、C 为输入变量,Y 为输出变量,试说明电路的功能。

解 根据逻辑图写出逻辑表达式

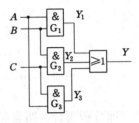

$$Y_1 = AB \qquad Y_2 = BC \quad Y_3 = AC \qquad (8-4)$$

$$Y = Y_1 + Y_2 + Y_3 = AB + BC + AC \qquad (8-5)$$

根据逻辑表达式列出真值表,由真值表 8-2 可以看出,当输入量 A,B,C 三个变量中有两个或两个以上的取值为"1"时,输出量 Y 的取值为"1";否则输出量 Y 的取值为"0",所以该电路具有判断输入变量是否多数取值为"1"的功能,也成为多数表决电路。

图 8-4 例 8-2 逻辑图

通过对上述两个例题的分析可知,对组合逻辑电路的分析是以从逻辑图求解逻辑表达式、逻辑函数的化简和从逻辑表达式求解真值表为基础的。一旦将电路的逻辑功能列成真值表,它的功能就一目了然了。

表 8-2 例 8-2 的真值表

A	B	C	Y
0	0	0	0
0	0	1	0
0	1	0	0
0	1	1	1
1	0	0	0
1	0	1	1
1	1	0	1
1	1	1	1

8.1.2 组合逻辑电路的设计

设计者根据给出的具体逻辑问题,设计出实现这一逻辑功能的最简单的逻辑电路,这就是设计组合逻辑电路所要完成的工作。它与组合逻辑电路的分析互为逆过程。

这里所说的"最简"是指电路所用器件的种类最少、所用器件数目最少、器件之间的连线也最少。

8.1.2.1 组合逻辑电路的设计步骤

组合逻辑电路的设计目的是根据实际问题设计出具体的实际逻辑电路。组合逻辑电路的分析流程如图 8-5 所示。

(1)进行逻辑抽象

① 分析因果关系,确定输入/输出变量;

② 定义逻辑状态的含义(赋值);

③ 列出逻辑真值表。

(2)写出逻辑函数式

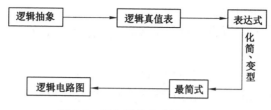

图 8-5　组合逻辑电路设计流程图

（3）选定器件的类型

（4）根据所选器件对逻辑函数式化简（用门）、变换（用 MSI）进行相应的描述（PLD）。

（5）画出逻辑电路图，或下载到 PLD 中。

（6）工艺设计

8.1.2.2　组合逻辑电路的设计举例

【例 8-3】　设计一个监视交通信号灯工作状态的逻辑电路。每一组信号灯由红、黄、绿三盏灯组成，如图 8-6 所示。正常工作情况下，任何时刻必有一盏灯点亮，而且只允许有一盏灯点亮。而当出现其他五种点亮状态时，电路发生故障，这时要求发出故障信号，以提醒维护人员前去修理。

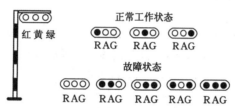

图 8-6　交通信号灯的正常工作状态与故障状态

解　首先进行逻辑抽象，即从设计目标中提炼出电路的输入输出变量，并规定出变量的不同取值所代表的电路状态。

根据设计目标，定义输入变量 A、B、C 分别代表红、黄、绿三盏灯的状态，定义输出变量 Y 代表电路的工作状态。

规定输入变量的值在灯亮时为 1，灯灭时为 0；输出变量的值在正常工作状态时取 1，故障状态时取 0。

根据设计目标，列出电路的逻辑真值表如表 8-3。

表 8-3　例 8-3 逻辑真值表

A	B	C	Y
0	0	0	1
0	0	1	0
0	1	0	0
0	1	1	1
1	0	0	0
1	0	1	1
1	1	0	1
1	1	1	1

由真值表写出逻辑表达式可得：

$$Y = \overline{A}B\overline{C} + \overline{A}BC + A\overline{B}\overline{C} + AB\overline{C} + ABC \tag{8-6}$$

将式(8-6)化简后得到

$$Y = \overline{A}B\overline{C} + AB + AC + BC \tag{8-7}$$

根据式(8-7)的结果画出逻辑电路图,得到图 8-7 所示电路。

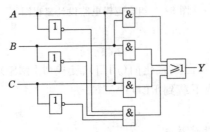

图 8-7 例 8-3 逻辑图一

上例中,若要求全部用与非门来实现则化简结果需要进行相应的改变,使最简式化为与非-与非表达式。这种形式通常可以通过对与-或表达式的两次求反得到。如上例中若将式(8-7)进行两次求反则可得到

$$Y = \overline{\overline{A}B\overline{C} + AB + AC + BC} = \overline{\overline{\overline{A}B\overline{C}} \cdot \overline{AB} \cdot \overline{AC} \cdot \overline{BC}} \tag{8-8}$$

根据式(8-8)的结果画出逻辑电路图,得到图 8-8 所示电路。

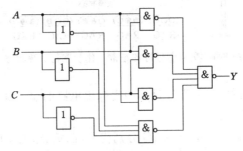

图 8-8 例 8-3 逻辑图二

8.1.3 组合逻辑电路中的竞争冒险

前面分析组合逻辑电路时,都是在电路处于稳定工作状态而且都没有考虑门电路的延迟时间对电路所产生的影响下进行的。实际上,信号通过门电路时存在时间延迟,就是说从信号输入到稳定输出需要一定的时间。由于从输入到输出的过程中,不同通路上门的级数不同,或者由门电路平均延迟时间的差异,使信号从输入经不同通路传输到输出级的时间不同。由于这个原因,可能会使逻辑电路产生错误输出。通常把这种现象称为竞争冒险。

8.1.3.1 产生竞争冒险的原因

为了进一步了解竞争冒险的概念,首先分析一下图 8-9(a)所示电路的工作情况。

在图 8-9(a)中,两个与门 G_1 和 G_2 的输入信号是一对互补信号 A 和 $\overline{A}$,在不考虑门的延时情况下,输出结果为 $L = A \cdot \overline{A}$,如图 8-9(b)所示。但考虑门延时的情况下,由于 G_1 的延时会导致 $\overline{A}$ 到达 G_2 的时间滞后于 A 到达 G_2 的时间,所以在很短的时间间隔内 G_2 的两

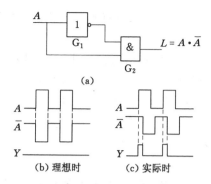

图 8-9　竞争冒险产生的跳变脉冲

个输入端都会出现高电平,从而导致它的输出端出现一个很窄的高电平脉冲(俗称"毛刺")。这个"毛刺"按逻辑设计的要求是不应该出现的干扰脉冲,如图 8-9(c)所示。与门 G_2 的两个输入信号分别由 G_1 和 A 端两个路径在不同时刻到达的现象,通常称为竞争,由此而产生输出干扰脉冲的现象称为冒险。

需要指出的是,有竞争现象不一定都会产生冒险,如果信号的传输途径不同,或各信号延时时间的差异,信号变化的互补性等原因都很容易产生冒险现象。

下面以图 8-10 为例,进一步分析组合逻辑电路产生竞争冒险的原因。

设有一个如图 8-10 所示的组合逻辑电路,它的输出逻辑表达式为: $Y = AB + \overline{B}C$。由此表达式可知,在理想情况下,当 A 与 C 都为 1 时,输出 $Y = 1$ 且输出结果与 B 的状态无关。但是,在实际情况中,由于门延时的存在使得输出结果中出现一跳变的窄脉冲。如图 8-11所示。

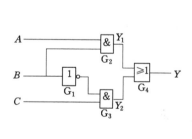

图 8-10　电路中的竞争冒险

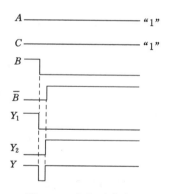

图 8-11　竞争冒险波形

在图 8-10 所示电路中,在 A、C 保持状态"1"的条件下,当 B 从状态"1"跳变为状态"0"时,非门 G_1 需经过一段时间的延迟才会从状态"0"跳变为状态"1"。在这个时间间隔内使得与门 G_1、G_2 的输出同时为状态"0",从而使逻辑电路的输出出现一个跳变的窄脉冲。

8.1.3.2　竞争冒险的判别

（1）代数法

竞争冒险就是因信号传输延迟时间不同,而引起输出逻辑错误的现象。

当电路输出端的逻辑函数表达式,在一定条件下可以简化成两个互补信号相乘或者相加,例如:$L = A \cdot \overline{A}$ 或者 $L = A + \overline{A}$ 则在互补信号的状态发生变化时可能出现冒险现象。

（2）卡诺图法

在卡诺图中存在相切又不相交的方格群时,则在相切处两值间跳变时发生竞争冒险现象,如图 8-12 所示。图中,当 $B = C = 1$ 时,输出逻辑函数式为:$Y = AB + \overline{A}C = A + \overline{A}$,所以存在竞争冒险。

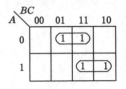

图 8-12 卡诺图判别竞争冒险

8.1.3.3 消除竞争冒险的方法

（1）发现并消掉互补变量

例如,函数式 $Y = (A + B)\overline{A}$,在 $B = C = 0$ 时,$Y = A\overline{A}$ 。若直接根据这个逻辑表达式组成逻辑电路,则可能出现竞争冒险。可以将该式变换为 $Y = AC + \overline{A}B + BC$,这里已将 $A\overline{A}$ 消掉。根据这个表达式组成逻辑电路就不会出现竞争冒险。

（2）增加乘积项

对于图 8-10 所示的逻辑电路,可以根据以前所介绍的常用恒等式,在其输出逻辑表达式中增加乘积项 AC 。这时,$Y = AB + \overline{B}C + AC$ 。增加 AC 这一项后,当 $A = C = 1$ 时,无论 B 如何变化,逻辑电路输出始终为"1",这就消除了 B 跳变时对输出状态的影响,从而消除了竞争冒险。

（3）接滤波电容

由于竞争冒险现象所产生的脉冲非常窄,所以可以在输出端接一个容量很小的滤波电容加以消除。如图 8-13 所示,即在图 8-10 所示电路的输出端并联电容 C 。由于或门 G4 存在一输出电阻 R_0 ,致使输出波形上升沿和下降沿变化比较缓慢。因此对于很窄的负跳变脉冲起到平波的作用,因而避免了输出端出现竞争冒险现象。

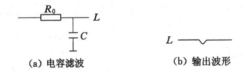

（a）电容滤波　　　　（b）输出波形

图 8-13 并联电容消除竞争冒险

8.2 编码器和译码器

8.2.1 编码器的基本原理

在数字系统当中,为了区分一些不同的事物,而将其中每个事物用一个特定的二值代码表示的过程就是编码。具有编码功能的逻辑电路称为编码器。在二值逻辑电路中,信号都是以高、低电平的形式给出。所以,编码器的功能就是完成把输入的高、低电平信号变成对应的二进制代码的过程。

在数字系统中是以二进制码 0 和 1 进行编码的。n 位二进制代码可以表示 2^n 个状态,每一个状态可以表示一个信息。也就是说,n 位二进制代码可以表示 2^n 个不同的信息。（例如:3 位二进制代码可以表示 8 个不同的信息）如果需要对 N 个信息进行编码,则需满足 $N \leqslant 2^n$,以此来确定 n 的数值。

8.2.1.1 二进制编码器

目前经常使用的编码器有二进制编码器和优先编码器两类,二进制编码器是用 n 位二进制代码来表示 2^n 个信息的逻辑电路。现以 3 位二进制编码器(8 线-3 线编码器)为例分析一下二进制编码器的工作原理。

图 8-14 是 3 位二进制编码器的框图,该编码器用 3 位二进制数分别代表 8 个信号。它的输入是 I_0、I_1、I_2、I_3、I_4、I_5、I_6、I_7 8 个高电平信号,输出是 3 位二进制代码 Y_2、Y_1、Y_0。 输入输出对应关系如其真值表 8-4 所示。

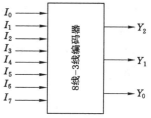

图 8-14 3 位二进制编码器框图

表 8-4 3 位二进制编码器真值表

输入								输出		
I_0	I_1	I_2	I_3	I_4	I_5	I_6	I_7	Y_2	Y_1	Y_0
1	0	0	0	0	0	0	0	0	0	0
0	1	0	0	0	0	0	0	0	0	1
0	0	1	0	0	0	0	0	0	1	0
0	0	0	1	0	0	0	0	0	1	1
0	0	0	0	1	0	0	0	1	0	0
0	0	0	0	0	1	0	0	1	0	1
0	0	0	0	0	0	1	0	1	1	0
0	0	0	0	0	0	0	1	1	1	1

由于普通的二进制编码器在任意时刻只允许一个输入信号为有效编码信号,所以输入变量的其他取值组合对应的最小项均可作为约束项。因此,此二进制编码器的输出表达式为:

$$\begin{cases} Y_2 = I_4 + I_5 + I_6 + I_7 \\ Y_1 = I_2 + I_3 + I_6 + I_7 \\ Y_0 = I_1 + I_3 + I_5 + I_7 \end{cases} \tag{8-9}$$

图 8-15 为由上式得到的编码器电路。

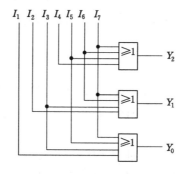

图 8-15 3 位二进制编码器

8.2.1.2　优先编码器

优先编码器是一种可以同时输入多路编码信号,并能够根据优先级别对其进行编码的编码器。常用的优先编码器有 8 线-3 线优先编码器 74LS148,10 线-4 线 8421BCD 优先编码器 74LS147 等。下面对 74LS148 的工作原理加以分析。

在表 8-5 中 $\overline{S}$（低电平有效）为 74LS148 的使能端,$\overline{Y}_S$、$\overline{Y}_{EX}$ 为优先扩展端。其中 $\overline{Y}_S$ 表示"电路工作,但无编码输入" $\overline{Y}_{EX}$ 表示"电路工作,且有编码输入"。

表 8-5　74LS148 优先编码器的真值表

输入									输出				
$\overline{S}$	$\overline{I}_7$	$\overline{I}_6$	$\overline{I}_5$	$\overline{I}_4$	$\overline{I}_3$	$\overline{I}_2$	$\overline{I}_1$	$\overline{I}_0$	$\overline{Y}_2$	$\overline{Y}_1$	$\overline{Y}_0$	$\overline{Y}_S$	$\overline{Y}_{EX}$
1	×	×	×	×	×	×	×	×	1	1	1	1	1
0	0	×	×	×	×	×	×	×	0	0	0	1	0
0	1	0	×	×	×	×	×	×	0	0	1	1	0
0	1	1	0	×	×	×	×	×	0	1	0	1	0
0	1	1	1	0	×	×	×	×	0	1	1	1	0
0	1	1	1	1	0	×	×	×	1	0	0	1	0
0	1	1	1	1	1	0	×	×	1	0	1	1	0
0	1	1	1	1	1	1	0	×	1	1	0	1	0
0	1	1	1	1	1	1	1	0	1	1	1	1	0
0	1	1	1	1	1	1	1	1	1	1	1	0	1

当 $\overline{S}=0$ 时,电路正常工作处于编码状态。只有当 $\overline{I}_7 \sim \overline{I}_0$ 全部为 1 时,$\overline{Y}_S$ 才为 0,此时电路正常工作,但无编码输入,其余情况 $\overline{Y}_S$ 全部为 1。当编码输入 $\overline{I}_7 \sim \overline{I}_0$ 至少有一个为有效电平时,$\overline{Y}_{EX}$ 为 0,此时电路正常工作且有编码输入。

当 $\overline{S}=1$ 时,电路处于禁止状态,此时禁止编码。

由表中不难看出 $\overline{I}_7 \sim \overline{I}_0$ 的优先级别。例如 $\overline{I}_0$,只有 $\overline{I}_7 \sim \overline{I}_1$ 均为 1 且 $\overline{I}_0$ 为有效电平 0 时,输出为 111;而对于 $\overline{I}_7$,当 $\overline{I}_7$ 为 0 时,无论其他 7 个输入是否为有效电平,输出均为 000. 由此可以看出,$\overline{I}_7$ 的优先级别高于 $\overline{I}_0$ 的优先级别。同理,可以得到这 8 个输入的优先级别次序分别为 $\overline{I}_7 \sim \overline{I}_0$,即 $\overline{I}_7$ 优先级别最高 $\overline{I}_0$ 优先级别最低。图 8-16 为优先编码器 74LS148 的方框图。

8.2.2　译码器的基本原理

译码是编码的反操作,译码器的功能是将每个输入的二进制代码译成对应的输出高、低电平信号。常用的译码器电路有二进制译码器和显示译码器。

8.2.2.1　二进制译码器

在二进制译码器中,输入是一组二进制代码,输出是一组与输入代码一一对应的高、低电平信号,对每一种可能的输入组合,有且仅有一个输出信号为有效电平。

3 位二进制译码器的框图如图 8-17 所示。图中,译码器的输入分别为 A_2、A_1、A_0 共 8

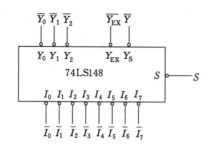

图 8-16　74LS148 方框图

种状态,输出分别为 $Y_0 \sim Y_7$。译码器将每一个输入代码译成对应的一个输出上的高、低电平信号。因而称为 3 线 8 线译码器。其真值表见表 8-6 所示。

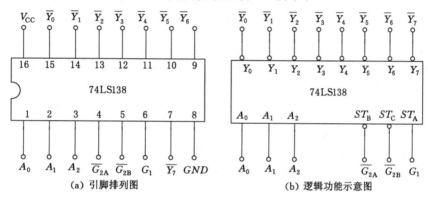

（a）引脚排列图　　　　　　　　　　（b）逻辑功能示意图

图 8-17　3 位二进制译码器框图(3 线-8 线译码器)

表 8-6　3 线-8 线译码器真值表

输入					输出							
使能		选择										
$G1$	$\overline{G2}$	A_2	A_1	A_0	$\overline{Y}_7$	$\overline{Y}_6$	$\overline{Y}_5$	$\overline{Y}_4$	$\overline{Y}_3$	$\overline{Y}_2$	$\overline{Y}_1$	$\overline{Y}_0$
×	1	×	×	×	1	1	1	1	1	1	1	1
0	×	×	×	×	1	1	1	1	1	1	1	1
1	0	0	0	0	1	1	1	1	1	1	1	0
1	0	0	0	1	1	1	1	1	1	1	0	1
1	0	0	1	0	1	1	1	1	1	0	1	1
1	0	0	1	1	1	1	1	1	0	1	1	1
1	0	1	0	0	1	1	1	0	1	1	1	1
1	0	1	0	1	1	1	0	1	1	1	1	1
1	0	1	1	0	1	0	1	1	1	1	1	1
1	0	1	1	1	0	1	1	1	1	1	1	1

74LS138 是由 TTL 与非门组成的 3 线-8 线译码器,它的逻辑图如图 8-18 所示。

当附加控制门 G_1 的输出为高电平($S=1$)时,由逻辑图可以写出:

$$
\begin{cases}
\overline{Y_0} = \overline{\overline{A_2}\,\overline{A_1}\,\overline{A_0}} = \overline{m_0} \\[4pt]
\overline{Y_1} = \overline{\overline{A_2}\,\overline{A_1}A_0} = \overline{m_1} \\[4pt]
\overline{Y_2} = \overline{\overline{A_2}A_1\overline{A_0}} = \overline{m_2} \\[4pt]
\overline{Y_3} = \overline{\overline{A_2}A_1A_0} = \overline{m_3} \\[4pt]
\overline{Y_4} = \overline{A_2\overline{A_1}\,\overline{A_0}} = \overline{m_4} \\[4pt]
\overline{Y_5} = \overline{A_2\overline{A_1}A_0} = \overline{m_5} \\[4pt]
\overline{Y_6} = \overline{A_2A_1\overline{A_0}} = \overline{m_6} \\[4pt]
\overline{Y_7} = \overline{A_2A_1A_0} = \overline{m_7}
\end{cases}
\tag{8-10}
$$

G_1、G_2A 和 G_2B 是 74LS138 的 3 个附加控制端,也称"片选"输入端。当 $G_1=1$、$GA_2=G_2B=0$ 时,G_S 输出为高电平($S=1$),译码器处于工作状态,否则译码器被禁止。此时所有输出端皆为高电平。

【例 8-4】 试用 2 片 3 线-8 线译码器 74LS138 组成 4 线-16 线译码器,将输入的 4 位二进制代码 $D_3D_2D_1D_0$ 译成 16 个独立的低电平信号 $\overline{Z_0} \sim \overline{Z_{15}}$。

解 根据图 8-18 可知,74LS138 仅有 3 个地址输入端 A_2、A_1、A_0。 如果想对 4 位二进制代码进行译码,只有利用一个附加控制端作为第四个输入端。

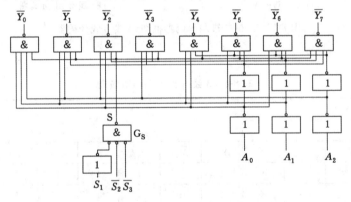

图 8-18   74LS138 逻辑图

取第一片 74LS138 的 $\overline{S_2}$ 和 $\overline{S_3}$ 作为它的第四个地址输入端(同时 $S_1=1$),取第二片的 S_1 作为它的第四个地址输入端(同时 $\overline{S_2}=\overline{S_3}=0$),取两片的 $A_2=D_2$、$A_1=D_1$、$A_0=D_0$,并将第一片的 $\overline{S_2}$ 和 $\overline{S_3}$ 接 $\overline{D_3}$,将第二片的 S_1 接 D_3,如图 8-19 所示,得到两片 74LS138 的输出分别为

$$
\begin{cases}
\overline{Z_0} = \overline{\overline{D_3}\,\overline{D_2}\,\overline{D_1}\,\overline{D_0}} \\[4pt]
\overline{Z_1} = \overline{\overline{D_3}\,\overline{D_2}\,\overline{D_1}D_0} \\[4pt]
\quad\vdots \\[4pt]
\overline{Z_7} = \overline{\overline{D_3}D_2D_1D_0}
\end{cases}
\tag{8-11}
$$

$$\begin{cases} \overline{Z_8} = \overline{D_3\overline{D_2}\,\overline{D_1}\,\overline{D_0}} \\ \overline{Z_9} = \overline{D_3\overline{D_2}\,\overline{D_1}D_0} \\ \qquad\vdots \\ \overline{Z_{15}} = \overline{D_3 D_2 D_1 D_0} \end{cases} \qquad (8\text{-}12)$$

式(8-11)表明,当 $D_3 = 0$ 时,第一片 74LS138 工作而第二片 74LS138 禁止,将 $D_3 D_2 D_1 D_0$ 的 0000～0111 这 8 个代码译成 $\overline{Z_0} \sim \overline{Z_7}$ 8 个低电平信号。而式(8-12)表明,当 $D_3 = 1$ 时,第二片 74LS138 工作,第一片 74LS138 禁止,将 $D_3 D_2 D_1 D_0$ 的 1000～1111 这 8 个代码译成 $\overline{Z_8} \sim \overline{Z_{15}}$ 8 个低电平信号。这样就用两个 3 线-8 线译码器扩展成为一个 4 线-16 线译码器,如图 8-19 所示。

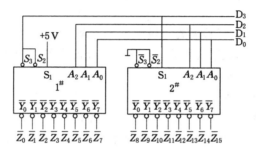

图 8-19　用两片 74LS138 连成 4 线-16 线译码器

【例 8-5】　用译码器实现下述逻辑函数式描述的组合逻辑电路(允许使用必要的门电路)。

$$\begin{cases} Z_1 = A\overline{C} + \overline{A}BC + A\overline{B}C \\ Z_2 = BC + \overline{A}BC \\ Z_3 = \overline{A}B + A\overline{B}C \\ Z_4 = \overline{A}B\overline{C} + \overline{B}\,\overline{C} + ABC \end{cases}$$

$$\begin{cases} Z_1 = AB\overline{C} + A\overline{B}\,\overline{C} + \overline{A}BC + A\overline{B}C = m_3 + m_4 + m_5 + m_6 \\ Z_2 = ABC + \overline{A}BC + \overline{A}\,\overline{B}C = m_1 + m_3 + m_7 \\ Z_3 = \overline{A}BC + \overline{A}B\overline{C} + A\overline{B}C = m_2 + m_3 + m_5 \\ Z_4 = \overline{A}\,\overline{B}\,\overline{C} + A\overline{B}\,\overline{C} + \overline{A}B\overline{C} + ABC = m_0 + m_2 + m_4 + m_7 \end{cases}$$

$$\begin{cases} Z_1 = \overline{\overline{m_3}\cdot\overline{m_4}\cdot\overline{m_5}\cdot\overline{m_6}} \\ Z_2 = \overline{\overline{m_1}\cdot\overline{m_3}\cdot\overline{m_7}} \\ Z_3 = \overline{\overline{m_2}\cdot\overline{m_3}\cdot\overline{m_5}} \\ Z_4 = \overline{\overline{m_0}\cdot\overline{m_2}\cdot\overline{m_4}\cdot\overline{m_7}} \end{cases}$$

其逻辑图如图 8-20 所示。

8.2.2.2　显示译码器

常用的数字显示器有多种类型,按显示方式分,有字型重叠式、点阵式、分段式等。按发

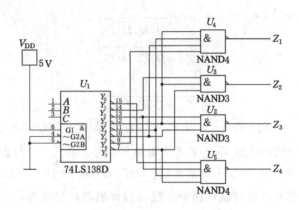

图 8-20　例 8-5 逻辑图

光物质分，有半导体显示器，又称发光二极管（LED）显示器、荧光显示器、液晶显示器、气体放电管显示器等，能够驱动数字显示器或能同显示器配合使用的译码器称显示译码器。在数字系统中，常采用 7 段显示器。

8.2.2.3　半导体七段显示器

图 8-21(a)是七段显示器，它用七个发光二极管做成 a、b、c、$\cdots$、g 七段，通过七段亮灭的不同组合，来显示 $0 \sim 9$ 十个数码。发光二极管和普通二极管一样，具有单向导电性，当外加反向电压时，处于截止状态；当外加正向电压且电压到达一定值时才能导通。

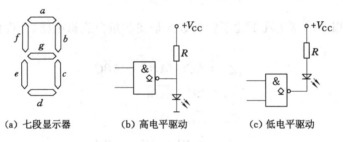

（a）七段显示器　　（b）高电平驱动　　（c）低电平驱动

图 8-21　7 段显示器及其驱动电路

发光二极管的高电平驱动电路如图 8-21(b)所示，当门处于导通状态，发光二极管因正向电压太低而不可能发光；当门处于截止状态时，只要电阻 R 取值适当，就会有足够大的正向电流流过发光二极管，因而发光。低电平驱动电路如图 8-21(c)，当门处于导通状态时，只要电阻 R 取值适当，发光二极管就会导通发光；当门处于截止状态时，发光二极管因正向电压过小不足以使其导通，因而不会发光。

8.2.2.4　4 线/7 段译码器及其显示驱动电路

7 段显示器的输入为 8421BCD 码 $A_3 A_2 A_1 A_0$，输出为 Y_a、Y_b、Y_c、Y_d、Y_e、Y_f、Y_g，输出分别控制 7 段显示器的 7 个光段，因而也称为 4 线/7 段译码器。图 8-22 给出了 74LS247 的方框图（输出低电平有效），真值表如表 8-7 所示。

图 8-22　74LS247 方框图

表 8-7　4 线/7 段译码器真值表

输入				输出							字形
A_3	A_2	A_1	A_0	$\overline{Y}_a$	$\overline{Y}_b$	$\overline{Y}_c$	$\overline{Y}_d$	$\overline{Y}_e$	$\overline{Y}_f$	$\overline{Y}_g$	
0	0	0	0	0	0	0	0	0	0	1	0
0	0	0	1	1	0	0	1	1	1	1	1
0	0	1	0	0	0	1	0	0	1	0	2
0	0	1	1	0	0	0	0	1	1	0	3
0	1	0	0	1	0	0	1	1	0	0	4
0	1	0	1	0	1	0	0	1	0	0	5
0	1	1	0	0	1	0	0	0	0	0	6
0	1	1	1	0	0	0	1	1	1	1	7
1	0	0	0	0	0	0	0	0	0	0	8
1	0	0	1	0	0	0	0	1	0	0	9

图 8-22 所示方框图中 $\overline{LT}$，$\overline{I}_{BR}$，$\overline{I}_B/\overline{Y}_{BR}$ 作用如下：

(1) $\overline{LT}$ 为灯测试输入，用于检查各字段是否能正常发光。当 $\overline{LT}=0$ 时，无论 $A_3A_2A_1A_0$ 状态如何，74LS247 驱动的 7 段显示器都应显示 8，所有光段都发光。

(2) $\overline{I}_{BR}$ 为灭零输入端，当 $A_3=A_2=A_1=A_0=0$ 时，若 $\overline{I}_{BR}=0$，则所有光段均不发光。利用这一功能可以提高读数清晰度。例如显示 6.6，就可以利用 $\overline{I}_{BR}$ 消去 0006.60 当中不必显示的前三个及最后一个零。

(3) $\overline{I}_B/\overline{Y}_{BR}$ 可以作为输入端，也可以作为输出端。$\overline{I}_B$ 为灭灯输入端，当 $\overline{I}_B=0$ 时，不论 $\overline{LT}$，$\overline{I}_{BR}$，A_3，A_2，A_1，A_0 状态如何，74LS247 所驱动的 7 段显示器的所有光段均不发光。当作为输入端时，$\overline{Y}_{BR}$ 的逻辑表达式为：

$$\overline{Y}_{BR}=\overline{LT}A_3\,\overline{A}_2\,\overline{A}_1\,\overline{A}_0 I_{\overline{BR}}$$

即当 $\overline{LT}=1$ 时，$A_3A_2A_1A_0=0000$ 且 $\overline{I}_{BR}=0$ 时，$\overline{Y}_{BR}$ 才为 0。它的物理意义是当本位为 0 且又被熄灭时，$\overline{Y}_{BR}=0$。因此，可用 $\overline{Y}_{BR}$ 接至高位（或低位）的 $\overline{I}_{BR}$ 端，以控制其在输入 $A_3A_2A_1A_0=0000$ 时的熄灭。

4 线/7 段译码器 74LS247 驱动 7 段显示器的电路如图 8-23 所示，74LS247 的每一个输出端都分别通过一个 390 Ω 电阻接到 7 段显示器的一个光段上，电阻起限流作用。输出变量为 1 时，由于正向电流太小而不能使光段发光；只有当输出变量为 0 时，才有足够大的驱动电流使光段发光。由于显示器的 7 个光段的阳极接到一起，因而称为共阳极显示器。另外一种,7个光段的阴极接在一起,称为共阴极显示器。

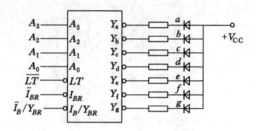

图 8-23　74LS247 及其显示电路

由上述分析可知,7 段显示器必须与 4 线/7 段译码器配合使用,共阳极显示器应选用输出低电平有效的译码器相配合,共阴极显示器应选用输出高电平有效的译码器相配合。

8.3　数据选择器和比较器

8.3.1　数据选择器的基本原理

数据选择器是一种可以根据输入数据的地址对其进行选择输出的逻辑电路。通常可以利用地址译码器和多路数字开关构成数据选择器。数据选择器结构框图如 8-24 所示。

数据选择器有 2^n 个数据输入端,与其对应有 2^n 个地址。因此数据选择器的输入信号既包括数据输入,也包括 n 位地址输入。数据与地址一一对应。当输入具体的地址时,电路选择与该地址对应的数据传送到输出端,实现对多路数据的选择。

现以 4 选 1 数据选择器为例说明其工作原理,电路框图及逻辑图由图 8-25、图 8-26 给出。

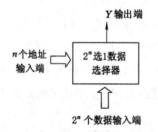

图 8-24　数据选择器结构框图

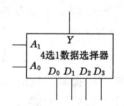

图 8-25　4 选 1 数据选择器框图

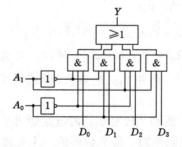

图 8-26　4 选 1 数据选择器逻辑图

如图 8-25 所示，4 选 1 数据选择器有 4 个数据输入端、2 个地址输入端和一个输出端。其中 D_0、D_1、D_2、D_3 为输入数据；A_1、A_0 为输入地址，其取值组合有四种，分别为 00、01、10、11，每一组地址刚好对应一个输入数据；Y 为选择器的输出，当给定地址时，Y 读取该地址所对应的输入数据。

图 8-26 为 4 选 1 数据选择器逻辑图，由图可得逻辑表达式为：

$$Y = \overline{A_1 A_0} D_0 + \overline{A_1} A_0 D_1 + A_1 \overline{A_0} D_2 + A_1 A_0 D_3 \tag{8-13}$$

当 $A_1 A_0$ 取 00 时，只有 $\overline{A_1 A_0}$ 为 1，而 $\overline{A_1} A_0 = A_1 \overline{A_0} = A_1 A_0 = 0$，所以 D_0 被取出，即 $Y = D_0$；同理，当 $A_1 A_0$ 取 01 时，$\overline{A_1} A_0 = 1$，$\overline{A_1 A_0} = A_1 \overline{A_0} = A_1 A_0 = 0$，所以 D_1 被取出，$Y = D_1$；$A_1 A_0$ 取 10 时，$A_1 \overline{A_0} = 1$，其他最小项为 0，$Y = D_2$；$A_1 A_0$ 取 11 时，$A_1 A_0 = 1$，D_3 被选择，$Y = D_3$。由此，该电路在地址码 $A_1 A_0$ 的控制下完成了从 4 路输入数据 D_0、D_1、D_2、D_3 中选择一路输出的功能。

典型的集成数据选择器有 74LS153、74LS151 等。

74LS153 为双 4 选 1 数据选择器，其框图和逻辑图如图 8-27、图 8-28 所示。

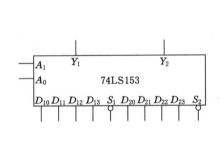

图 8-27 74LS153 方框图

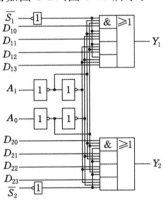

图 8-28 74LS153 逻辑图

74LS153 双 4 选 1 数据选择器包含两个完全相同的 4 选 1 数据选择器，其数据输入端、控制端及输出端相互独立，地址输入端共用。其中 $\overline{S_1}$ 和 $\overline{S_2}$ 分别是两个 4 选 1 数据选择器的附加控制端，用于电路工作状态的控制或功能的扩展。

两个输出端的逻辑表达式分别为：

$$Y_1 = [\overline{A_1 A_0} D_{10} + \overline{A_1} A_0 D_{11} + A_1 \overline{A_0} D_{12} + A_1 A_0 D_{13}] \cdot S_1 \tag{8-14}$$

$$Y_2 = [\overline{A_1 A_0} D_{20} + \overline{A_1} A_0 D_{21} + A_1 \overline{A_0} D_{22} + A_1 A_0 D_{23}] \cdot S_2 \tag{8-15}$$

当 $\overline{S_1} = 0$ 时，Y_1 可以根据 $A_1 A_0$ 的取值从 $D_{10} \sim D_{13}$ 中选择一个输出；$\overline{S_2} = 0$ 时，Y_2 根据 $A_1 A_0$ 的取值从 $D_{20} \sim D_{23}$ 中选择输出，芯片具体功能见表 8-8。

表 8-8 74LS153 功能表

A_1	A_0	Y_1	Y_2
0	0	D_{10}	D_{20}
0	1	D_{11}	D_{21}
1	0	D_{12}	D_{22}
1	1	D_{13}	D_{23}

74LS151 为 8 选 1 数据选择器,其方框图如图 8-29。其功能表如表 8-9 所示。

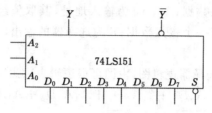

图 8-29 8 选 1 数据选择器方框图

表 8-9 8 选 1 数据选择器功能表

A_2	A_1	A_0	Y
0	0	0	D_0
0	0	1	D_1
0	1	0	D_2
0	1	1	D_3
1	0	0	D_4
1	0	1	D_5
1	1	0	D_6
1	1	1	D_7

图中 Y 的逻辑表达式为:

$$Y = (\overline{A_2}\,\overline{A_1}\,\overline{A_0}D_0 + \overline{A_2}\,\overline{A_1}A_0D_1 + \overline{A_2}A_1\overline{A_0}D_2 + \overline{A_2}A_1A_0D_3 +$$
$$A_2\overline{A_1}\,\overline{A_0}D_4 + A_2\overline{A_1}A_0D_5 + A_2A_1\overline{A_0}D_6 + A_2A_1A_0D_7)S \tag{8-16}$$

8.3.1.1 功能扩展

(1) 根据输入端个数决定使用 4 选 1 数据选择器个数 M;

(2) 再根据 1 中的 M 值决定需用的译码器的种类—$X - M$ 线译码器($M = 2X$);

(3) 决定输出端使用哪种门—使能端无效时输出全为低,则选用或门;使能端无效时输出全为高,则选用与非门。

【例 8-6】 用双 4 选 1 数据选择器构成 8 选 1 数据选择器,本例 $M = 2, X = 1$,输出选或门,其逻辑图如图 8-30 所示。

8.3.1.2 实现组合逻辑电路

【例 8-7】 用四选一数据选择器实现异或逻辑: $Z = \overline{A}B + A\overline{B}$。

(1) $Z = \overline{A}B + A\overline{B} = \overline{A_1}A_0 + A_1\overline{A_0}$

(2) $Y = \overline{A_1}\,\overline{A_0}D_0 + \overline{A_1}A_0D_1 + A_1\overline{A_0}D_2 + A_1A_0D_3$

对比上两式得:$D_0 = D_3 = 0, D_1 = D_2 = 1$,其逻辑图如图 8-31 所示。

8.3.2 比较器的基本原理

实际的数字系统往往需要对二进制进行计算。其中,对两个二进制数进行比较是一种比较常见的运算,能够完成这一逻辑功能的电路称为数值比较器。

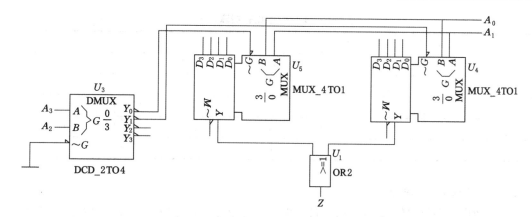

图 8-30　例 8-6 逻辑图

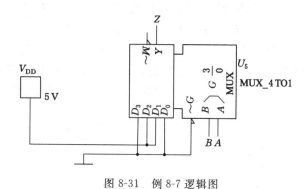

图 8-31　例 8-7 逻辑图

数值比较器的输入信号一般为待比较的两个 n 位二进制数 A 和 B，输出则为比较结果。根据数值比较的规则，可能出现的结果有三种情况，分别是 $A>B$、$A=B$、$A<B$，用三个输出变量 $Y_{(A>B)}$、$Y_{(A=B)}$、$Y_{(A<B)}$ 表示。任意时刻只有一个输出为有效电平，其余两个为无效电平。

8.3.2.1　位数值比较器

1 位数值比较器的方框图如图 8-32(a)所示，输入 A，B 为两个 1 位二进制数，输出变量 $Y_{(A>B)}$、$Y_{(A=B)}$、$Y_{(A<B)}$ 为比较结果，当 $A>B$ 时，$Y_{(A>B)}=1$，$Y_{(A=B)}=Y_{(A<B)}=0$；当 $A=B$ 时，$Y_{(A=B)}=1$，$Y_{(A>B)}=Y_{(A<B)}=0$；当 $A<B$ 时，$Y_{(A<B)}=1$，$Y_{(A>B)}=Y_{(A=B)}=0$。图 8-32(b) 为 1 位数值比较器的逻辑电路。其真值表见表 8-10。

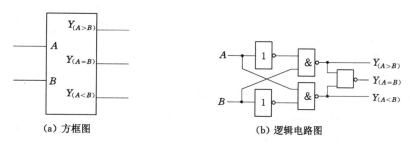

（a）方框图　　　　　　　　（b）逻辑电路图

图 8-32　1 位数值比较器

表 8-10　1 位数值比较器真值表

输　入		输　出		
A	B	$Y_{(A>B)}$	$Y_{(A=B)}$	$Y_{(A<B)}$
0	0	0	1	0
0	1	0	0	1
1	0	1	0	0
1	1	0	1	0

8.3.2.2　多位数值比较器

在比较两个多位数的大小时,必须自高而低地逐位比较,而且只有在高位相等时,才需要比较低位。例如 A、B 是两个 4 位二进制数 $A_3A_2A_1A_0$ 和 $B_3B_2B_1B_0$,进行比较时应首先比较 A_3 和 B_3。如果 $A_3 > B_3$,那么不管其他几位为何值,肯定是 $A > B$。反之,若 $A_3 < B_3$,则不管其他几位为何值,肯定有 $A < B$。如果 $A_3 = B_3$,则必须通过比较下一位的大小即比较 A_2 和 B_2 来判断 A 和 B 的大小。若 $A_2 = B_2$ 则必须通过比较 A_1 和 B_1 来判断,依次类推。表 8-11 给出典型集成 4 位数值比较器 74LS85 芯片的真值表。由表可见,多位数值比较按高位相等才比较低位的原则进行。74LS85 的方框图如图 8-33 所示,其真值表如表 8-11 所示。

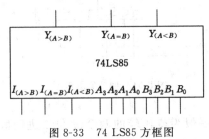

图 8-33　74 LS85 方框图

表 8-11　74 LS85 真值表

数值输入				级联输入			输出		
A_3B_3	A_2B_2	A_1B_1	A_0B_0	$I_{(A>B)}$	$I_{(A=B)}$	$I_{(A<B)}$	$Y_{(A>B)}$	$Y_{(A=B)}$	$Y_{(A<B)}$
$A_3 > B_3$	××	××	××	×	×	×	1	0	0
$A_3 < B_3$	××	××	××	×	×	×	0	0	1
$A_3 = B_3$	$A_2 > B_2$	××	××	×	×	×	1	0	0
$A_3 = B_3$	$A_2 < B_2$	××	××	×	×	×	0	0	1
$A_3 = B_3$	$A_2 = B_2$	$A_1 > B_1$	××	×	×	×	1	0	0
$A_3 = B_3$	$A_2 = B_2$	$A_1 < B_1$	××	×	×	×	0	0	1
$A_3 = B_3$	$A_2 = B_2$	$A_1 = B_1$	$A_0 > B_0$	×	×	×	1	0	0
$A_3 = B_3$	$A_2 = B_2$	$A_1 = B_1$	$A_0 < B_0$	×	×	×	0	0	1
$A_3 = B_3$	$A_2 = B_2$	$A_1 = B_1$	$A_0 = B_0$	1	0	0	1	0	0
$A_3 = B_3$	$A_2 = B_2$	$A_1 = B_1$	$A_0 = B_0$	0	1	0	0	1	0
$A_3 = B_3$	$A_2 = B_2$	$A_1 = B_1$	$A_0 = B_0$	0	0	1	0	0	1

从真值表可以看出 74LS85 的逻辑表达式如下：

$$Y_{(A>B)} = A_3\overline{B_3} + (A_3\odot B_3)A_2\overline{B_2} + (A_3\odot B_3)(A_2\odot B_2)A_1\overline{B_1} + (A_3\odot B_3)(A_2\odot B_2) \cdot$$
$$(A_1\odot B_1)A_0\overline{B_0} + (A_3\odot B_3)(A_2\odot B_2)(A_1\odot B_1)(A_0\odot B_0)I_{(A>B)}$$

$$Y_{(A=B)} = (A_3\odot B_3)(A_2\odot B_2)(A_1\odot B_1)(A_0\odot B_0)I_{(A=B)}$$

$$Y_{(A<B)} = \overline{A_3}B_3 + (A_3\odot B_3)\overline{A_2}B_2 + (A_3\odot B_3)(A_2\odot B_2)\overline{A_1}B_1 + (A_3\odot B_3)(A_2\odot B_2) \cdot$$
$$(A_1\odot B_1)\overline{A_0}B_0 + (A_3\odot B_3)(A_2\odot B_2)(A_1\odot B_1)(A_0\odot B_0)I_{(A<B)} \tag{8-17}$$

根据式(8-17)可知，在比较两个 4 位二进制数的大小时，应将 $I_{(A>B)}$，$I_{(A<B)}$ 接"0"，将 $I_{(A=B)}$ 接"1"。

【例 8-8】 试用两片 74LS85 构成一个 8 位数值比较器。

解 根据多位数值比较规则，对于两个 8 位数，若高 4 位相同，它们的大小则由低 4 位决定。因此，低 4 位的比较结果应该作为高 4 位进行比较的条件，即低位芯片的输出 $Y_{(A>B)}$，$Y_{(A=B)}$，$Y_{(A<B)}$ 应分别接到高位芯片的级联输入端 $I_{(A>B)}$，$I_{(A=B)}$，$I_{(A<B)}$ 上。由此得到如图 8-34 所示电路。根据式(8-17)可得到 8-34 所示电路的逻辑表达式。

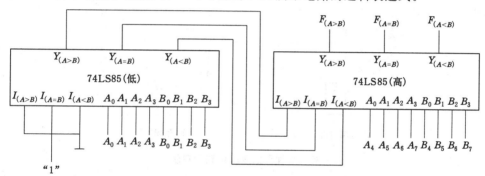

图 8-34　8 位数值比较器

$$F_{(A>B)} = A_7\overline{B_7} + (A_7\odot B_7)A_6\overline{B_6} + (A_7\odot B_7)(A_6\odot B_6)A_5\overline{B_5} + (A_7\odot B_7)(A_6\odot B_6) \cdot$$
$$(A_5\odot B_5)A_4\overline{B_4} + (A_7\odot B_7)(A_6\odot B_6)(A_5\odot B_5)(A_4\odot B_4)Y_{(A>B)}$$

$$F_{(A=B)} = (A_7\odot B_7)(A_6\odot B_6)(A_5\odot B_5)(A_4\odot B_4)Y_{(A=B)}$$

$$F_{(A<B)} = \overline{A_7}B_7 + (A_7\odot B_7)\overline{A_6}B_6 + (A_7\odot B_7)(A_6\odot B_6)\overline{A_5}B_5 + (A_7\odot B_7)(A_6\odot B_6) \cdot$$
$$(A_5\odot B_5)\overline{A_4}B_4 + (A_7\odot B_7)(A_6\odot B_6)(A_5\odot B_5)(A_4\odot B_4)Y_{(A<B)}$$

8.4　算术运算电路

8.4.1　一位半加器和全加器的基本原理

在计算机数字系统中，两个二进制数之间进行算数运算时，无论是加、减、乘、除，最后都可以化作加法运算来实现。因此，加法器是构成算术运算器的基本单元。

8.4.1.1　位加法器

如果不考虑有来自低位的进位将两个 1 位二进制数 A 和 B 相加，称为半加，实现半加的电路称为半加器。半加器的真值表如表 8-12 所示。

表 8-12　半加器的真值表

输　入		输　出	
A	B	S	C
0	0	0	0
0	1	1	0
1	0	1	0
1	1	0	1

表中，S 为本位的加和，C 为向高位送出的进位数。根据真值表可以列出其对应的逻辑表达式

$$\begin{cases} S = A\overline{B} + \overline{A}B \\ C = A \cdot B \end{cases}$$ (8-18)

由上式可知，半加器是由一个异或门和一个与门组成的，如图 8-35(a)所示。其逻辑符号如图 8-35(b)所示。

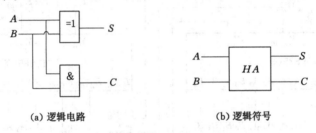

（a）逻辑电路　　　　　　　　　（b）逻辑符号

图 8-35　半加器的逻辑电路和逻辑符号

8.4.1.2　全加器

将两个多位二进制数相加时，除了最低位以外，每一位都应该考虑来自低位的进位，即将两个对应位的加数和来自低位的进位 3 个数相加。这种运算称为全加，所构成的电路称为全加器，全加器的真值表如表 8-13 所示。全加器的逻辑符号如图 8-36 所示。

表 8-13　全加器的真值表

输　入			输　出	
A_n	B_n	C_{n-1}	S_n	C_n
0	0	0	0	0
0	0	1	1	0
0	1	0	1	0
0	1	1	0	1
1	0	0	1	0
1	0	1	0	1
1	1	0	0	1
1	1	1	1	1

表 8-13 中 C_{n-1} 为低位的进位，A_n 和 B_n 分别为本位的被加数和加数，S_n 为本位的和，C_n 为向高位的进位。根据真值表可写出 S_n 和 C_n 的与或表达式：

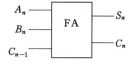

图 8-36　全加器逻辑符号

$$S_n = \overline{A}_n \overline{B}_n C_{n-1} + \overline{A}_n B_n \overline{C}_{n-1} + A_n \overline{B}_n \overline{C}_{n-1} + A_n B_n C_{n-1} \quad (8\text{-}18)$$

$$C_n = \overline{A}_n B_n C_{n-1} + A_n \overline{B}_n C_{n-1} + A_n B_n \overline{C}_{n-1} + A_n B_n C_{n-1} \quad (8\text{-}19)$$

经过变化与化简，式(8-18)和式(8-19)可写成：

$$S_n = (\overline{A}_n B_n + A_n \overline{B}_n)\overline{C}_{n-1} + (\overline{A_n \oplus B_n})C_{n-1}$$

$$= (A_n \oplus B_n)\overline{C}_{n-1} + (\overline{A_n \oplus B_n})C_{n-1} = A_n \oplus B_n \oplus C_{n-1} = (A_n \oplus B_n) \oplus C_{n-1} \quad (8\text{-}20)$$

$$C_n = (\overline{A}_n B_n + A_n \overline{B}_n)C_{n-1} + (A_n B_n \overline{C}_{n-1} + A_n B_n C_{n-1}) = (A_n \oplus B_n)C_{n-1} + A_n B_n$$

$$(8\text{-}21)$$

根据逻辑表达式可画出图 8-37 所示全加器的逻辑图。

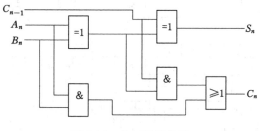

图 8-37　全加器逻辑图

全加器也可以由两个半加器和一个或门组成，如图 8-38 所示。

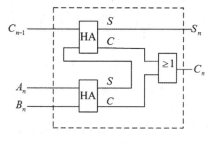

图 8-38　全加器逻辑图

8.4.2　多位加法器的基本原理

8.4.2.1　串行进位加法器

两个多位数相加时每一位都是带进位相加的，此时必须使用全加器。例如，有两个 4 位二进制数 $A_3 A_2 A_1 A_0$ 和 $B_3 B_2 B_1 B_0$ 相加，只要依次将低位全加器的进位输出端 C_n 接到高位全加器的进位输入端 C_{n-1} 就构成了多位加法器。如图 8-39 所示。这种加法器的逻辑电路比较简单，但它的运算速度不高。

8.4.2.2　超前进位加法器

为了提高运算速度，人们又设计出一种多位数超前进位加法器逻辑电路。根据加法规则可知：当两个二进制数 A、B 相加时，若 $A_{i-1} = B_{i-1} = 1$ 时，$C_{i-1} = 1$ 则有进位；若 $A_{i-1} +$

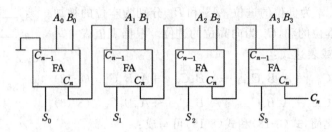

图 8-39　4 位串行进位加法器

$B_{i-1}=1, C_{i-2}=1$ 时，$C_{i-1}=1$ 也有进位；而其他情况下则无进位。由此可见，根据参与运算的数可以超前知道有无进位信号，这就是构成超前进位加法器的基本思路。

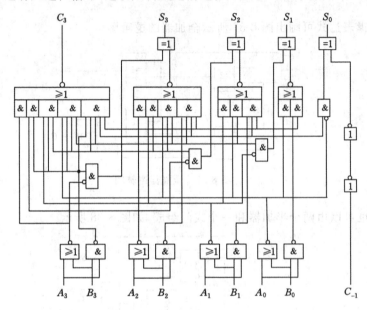

图 8-40　4 位超前进位全加器

下面以 74LS283 为例简单介绍 4 位二进制超前进位全加器。其逻辑电路如图 8-40 所示，框图如图 8-41 所示。

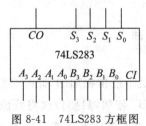

图 8-41　74LS283 方框图

根据逻辑图可写出逻辑表达式：

$$C_3 = \overline{\overline{A_3+B_3}+\overline{A_3 B_3}\,\overline{A_2+B_2}+\overline{A_3 B_3 A_2 B_2}\,\overline{A_1+B_1}+\overline{A_3 B_3}\,\overline{A_2 B_2}\,\overline{A_1 B_1 A_0+B_0}+}$$
$$\overline{\overline{A_3 B_3}\,\overline{A_2 B_2}\,\overline{A_1 B_1 A_0 B_0 C_{-1}}}$$

从函数表达式中可以得出超前进位加法器的进位规律。如 $A_3 = B_3 = 1$，无论其他各位和 C_{-1} 取值如何，必得 $C_3 = 1$，即有进位。当 $C_{-1} = 0$ 时，C_3 只与 A、B 有关；当 $C_{-1} = 1$ 时，C_3 不仅与 A、B 有关，还与 C_{-1} 有关。

8.4.3　减法器的基本原理

8.4.3.1　二进制数的减法运算

在数字系统中，没有专用的减法器，通常将减法运算转化为加法运算来实现。例如，要实现 $A - B$，一般写成 $A + (-B)$ 的形式。二进制有符号数通常以最高位作为符号位，0 代表正数、1 代表负数，其余各位为二进制数的数值位。用这种方式表示的数码称为原码。在原码的基础上获得补码，正数的补码和它的原码相同，负数的补码通过将原码的数值位按位取反，最低位加 1 得到。例如，$(+9)_{10}$ 的原码为 $(01001)_2$ 补码为 $(01001)_2$；$(-9)_{10}$ 的原码为 $(11001)_2$ 补码为 $(10111)_2$。这样在进行减法运算时只需将 A 和 $-B$ 以补码表示并相加即可。

8.4.3.2　二进制减法运算电路

利用补码将减法变为加法运算需要求二进制数的补码，根据补码定义减法电路需要具有将二进制数取反加 1 的功能，常利用异或门来实现此功能并做到加减可控。

表 8-14　可控反相器的真值表

Ctrl	B_0	Y	Y 与 B_0 的关系
0	0	0	Y 与 B_0 相同
	1	1	Y 与 B_0 相同
1	0	1	Y 与 B_0 相反
	1	0	Y 与 B_0 相反

由表可见，当 Ctrl 为 0 时，输出 Y 与输入 B_0 相同；当 Ctrl 为 1 时，输出 Y 与输入 B_0 相反。利用这一特点，将可控反相器加在加法器电路上便可通过 Ctrl 的控制实现加法或减法运算。1 位减法运算逻辑电路图如图 8-43 所示。

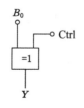

图 8-42　可控反相器

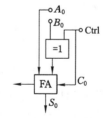

图 8-43　1 位减法器逻辑电路

当控制端 Ctrl 为 0 时，异或门的输出为 B_0，此时实现 $A_0 + B_0$。当 Ctrl 为 1 时，异或门的输出为 B_0 的反码，同时 Ctrl 接于全加器的进位输入端，相当于在最低位加 1，即获得了 $-B_0$ 的补码。此后，与 A_0 相加相当于实现了 $A_0 - B_0$。

习 题

1. 简述组合逻辑电路的特点及分析方法。

2. 分析图 8-44 电路的逻辑功能，写出 Y 的逻辑函数式，列出真值表，指出电路完成什么逻辑功能。

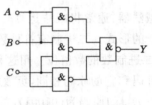

图 8-44 习题 2 电路

3. 用与非门设计一个逻辑电路，判断逻辑变量 A、B、C、D 中是否有多数个为 1。要求当多数为 1 时输出为 1，否则输出为 0。

4. 设计奇偶判别电路，当 A、B、C 三个变量中有奇数个 1 时，输出为 1；否则输出为 0。

5. 试用 74LS138 设计一个组合电路，判断一个 3 位二进制数是否大于 4。

6. 用 3 线-8 线译码器 74LS138 实现多输出组合逻辑电路，其输出如下：

$$\begin{cases} Y_1 = AC \\ Y_2 = \overline{ABC} + A\overline{BC} + BC \\ Y_3 = \overline{BC} + AB\overline{C} \end{cases}$$

7. 利用 74LS283 设计代码转换电路，输入为 8421BCD 码，输出为余三码。

8. 试用 4 选 1 数据选择器产生以下逻辑函数。

$$Y = \overline{ABC} + \overline{AC} + BC$$

9. 用 8 选 1 数据选择器 74LS151 产生以下逻辑函数。

$$Y = A\overline{CD} + \overline{ABCD} + BC + B\overline{CD}$$

10. 试用 8 选 1 数据选择器 74LS151 设计一个判断电路，判断四位二进制数 $A_3 A_2 A_1 A_0$ 能否被 3 整除。

11. 已知下列函数，当用最少数目的与非门实现其功能时，分析电路是否存在竞争-冒险现象？

$$F(ABCD) = \sum m(2,3,5,7,8,10,13)$$

12. 试用两片 74LS85 实现 8 位数值比较。

13. 试用两片 2 线/4 线译码器实现 3 线/8 线译码器。

14. 设计一个含三台设备工作的故障显示器。要求如下：三台设备都正常工作时，绿灯亮；仅一台设备发生故障时，黄灯亮；两台或两台以上设备同时发生故障时，红灯亮。

15. 试设计一个燃油锅炉自动报警器。要求燃油喷嘴在开启状态下，如锅炉水温或压力过高则发出报警信号。要求用与非门实现。

第 9 章　时序逻辑电路

本章主要讲解触发器、时序逻辑电路基本概念以及时序逻辑电路的分析与设计。其难点和重点内容为时序逻辑电路的分析与设计。

9.1　触　发　器

9.1.1　触发器的定义

触发器:(Flip-Flop)能存储一位二进制信号的基本单元,用 FF 表示。它是具有记忆功能的电子器件。

9.1.2　触发器的特点

(1) 有两个稳定状态,用 0 和 1 表示;

(2) 输入信号可改变其状态,且输入信号撤销后,其改变后的状态可保留下来;

(3) 有两个互补的输出端:Q 和 $\overline{Q}$,用于指示当前所处的状态。为"1"态时,Q 端输出高电平,为"0"态时,Q 端输出低电平。

(4) 现态:输入作用前的状态,记作 Q^n 和 $\overline{Q^n}$,简记为 Q 和 $\overline{Q}$。

次态:输入作用后的状态,记作 Q^{n+1} 和 $\overline{Q^{n+1}}$。

9.1.3　触发器的分类

(1) 按电路结构分类

按电路结构分类有基本 RSFF、同步 FF、主从 FF、边沿 FF(包括维持-阻塞 FF、CMOS 边沿 FF 等)。其中,基本 RSFF 无时钟信号,其他均有时钟信号。

(2) 按逻辑功能分类

按逻辑功能分类有 RSFF、DFF、JKFF、TFF 等。

9.1.4　*RS* 型触发器的基本原理

9.1.4.1　*RS* 型触发器

(1) 定义

在时钟脉冲操作下,根据输入信号 R、S 取值不同,凡是具有置 0、置 1 和保持功能的电路,都叫作 RS 型时钟触发器,简称 RS 型触发器或 RS 触发器。

(2) 逻辑符号、特性表和特性方程

如图 9-1 所示是 RS 触发器的逻辑符号。表 9-1 是它的特性表。从特性表可以看出,其功能是符合 RS 型触发器的定义的。

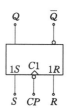

图 9-1　RS 触发器的
逻辑符号

根据特性表我们可以得出 RS 型触发器的特性方程为

$$\begin{cases} Q^{n+1} = S + \overline{R}Q^n \\ RS = 0 \end{cases} \qquad CP \text{ 下降沿时刻有效}$$

表 9-1　RS 型触发器的特性表

R	S	Q^n	Q^{n+1}	备注
0	0	0	0	
0	0	1	1	保持
0	1	0	1	
0	1	1	1	置1
1	0	0	0	
1	0	1	0	置0
1	1	0	$\times$	
1	1	1	$\times$	不允许

9.1.4.2　RS 型触发器的基本工作原理

我们以主从 RS 型触发器的电路结构为例，来介绍 RS 型触发器的基本原理。

（1）电路组成及逻辑符号

如图 9-2(a)所示为主从 RS 触发器的逻辑电路图。它由两个同步 RS 锁存器级联构成，其中 G_5、G_6、G_7、G_8 构成的同步锁存器叫作主触发器，其控制信号为 CP；G_1、G_2、G_3、G_4 构成的同步锁存器叫作从触发器，其控制信号为 $\overline{CP}$。

图 9-2(b)为主从 RS 触发器的逻辑符号，CP 端的小圆圈表示只有当 CP 下降沿到来时，触发器的 Q 端和 $\overline{Q}$ 端才会改变状态。其中符号"冖"表示延迟，其含义为：在 $CP = 1$ 期间，触发器接收 R、S 输入端输入的信号，但触发器的状态不会由于输入信号状态的变化而变化，直至 CP 下降沿到来时，Q 端和 $\overline{Q}$ 端才会改变状态。

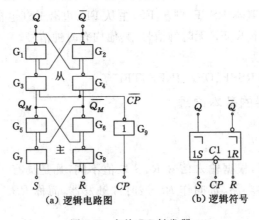

(a) 逻辑电路图　　　　　(b) 逻辑符号

图 9-2　主从 RS 触发器

（2）工作原理

在主从 RS 触发器中，接收输入信号和输出信号是分两步进行的。

接收输入信号的过程：

在 $CP=1$ 期间，主触发器接收输入信号，从触发器保持原来的状态不变。

当 $CP=1$ 时，主触发器的控制门 G_7、G_8 被打开，触发器可以接收输入信号 R、S，主触发器的输出为：

$$Q_M^{n+1} = S + \overline{R} Q_M^n$$
$$RS = 0 (约束条件) CP = 1 \text{ 期间有效}$$

由 $\overline{CP}=0$，从触发器的控制门 G_3、G_4 被封锁，因此其状态不会发生改变，即 $Q^{n+1}=Q^n$。

输出信号的过程：

当 CP 下降沿到来时，主触发器的控制门 G_7、G_8 被封锁，在 $CP=1$ 期间接收的内容被储存起来，同时，从触发器的控制门 G_3、G_4 被打开，主触发器将其接收的内容送入从触发器，输出端的状态随之改变。在 $CP=0$ 期间，由于主触发器被封锁，将保持原有的状态不变，因此受其控制的从触发器的状态也不可能发生改变。

综上所述可得：

$$Q^{n+1} = S + \overline{R} Q^n$$
$$RS = 0 (约束条件) CP \text{ 下降沿到来时有效}$$

其特性表如表 9-2 所示。

表 9-2　主从 RS 型触发器的特性表

R	S	Q^n	Q^{n+1}	备注
0	0	0	0	
0	0	1	1	保持
0	1	0	1	
0	1	1	1	置 1
1	0	0	0	
1	0	1	0	置 0
1	1	0	$\times$	
1	1	1	$\times$	不允许

（3）主要特点

① 主从控制、时钟脉冲触发。在主从 RS 触发器中，主、从触发器的状态受到 CP 脉冲的控制。其工作过程可概括为：$CP=1$ 期间接收信号，当 CP 下降沿到来时触发器状态更新。

② R、S 之间仍存在约束。由于主从 RS 触发器是由同步 RS 触发器组合而成，所以，在 $CP=1$ 期间，R、S 的取值应遵循同步 RS 触发器的要求，即不能同时为有效电平（R、S 不能同时为 1）。

（4）异步输入端的作用

图 9-3 是带有异步输入端的主从 RS 触发器的逻辑符号。其中 R、S 叫作同步输入端，加在两输入端的信号能否进入触发器而被接收，是受时钟脉冲 CP 的同步控制，CP 信号没到来时，它们对触发器不起作用。$\overline{R_D}$、$\overline{S_D}$ 称为直接复位和置位端，低电平有效。

当 $\overline{R_D}=0$，$\overline{S_D}=1$ 时，触发器被直接复位到 0 状态，$Q^{n+1}=0$；当 $\overline{R_D}=1$，$\overline{S_D}=0$ 时，触发

器被直接置位到1状态，$Q^{n+1}=1$。值得注意的是，这里$\overline{R_D}$、$\overline{S_D}$不能同时输入有效信号，即不能出现$\overline{R_D}=\overline{S_D}=0$的情况，否则触发器将出现非正常的状态。

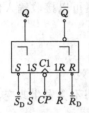

图 9-3 带异步输入端的
主从 RS 触发器逻辑符号

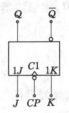

图 9-4 JK 触发器的
逻辑符号

9.1.5 JK 触发器的基本原理

9.1.5.1 JK 型触发器

（1）定义

在时钟脉冲操作下，根据输入信号 J、K 取值不同，凡是具有保持、置 0、置 1、翻转功能的电路，都称为 JK 型时钟触发器，简称为 JK 型触发器或 JK 触发器。

（2）逻辑符号、特性表和特性方程

如图 9-4 所示是 JK 触发器的逻辑符号。表 9-3 是它的特性表，显而易见，特性表中所反映的功能是符合 JK 型触发器的定义的。

表 9-3　JK 型触发器的特性表

J	K	Q^n	Q^{n+1}	备注
0	0	0	0	
0	0	1	1	保持
0	1	0	0	
0	1	1	0	置 0
1	0	0	1	
1	0	1	1	置 1
1	1	0	1	
1	1	1	0	翻转

特性方程

$$Q^{n+1}=J\overline{Q^n}+\overline{K}Q^n \qquad CP \text{下降沿时刻有效}$$

9.1.5.2 JK 触发器的工作原理

我们以主从 JK 触发器和边沿 JK 触发器为例，来介绍 JK 触发器的工作原理。

（1）主从 JK 触发器

主从 JK 触发器是为解决主从 RS 触发器的约束问题而设计的。

① 电路组成及逻辑符号

主从 JK 触发器是在主从 RS 触发器的基础上，把 $\overline{Q}$ 引回到门 G_7 的输入端，把 Q 引回

到门 G_8 的输入端,并把输入端 S 改为 J,R 端改为 K 构成。具体电路如图 9-5(a)所示,图 9-5(b)为主从 JK 触发器的逻辑符号。

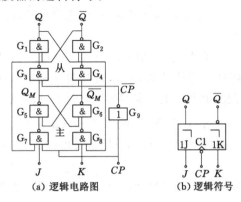

图 9-5　主从 JK 触发器

② 工作原理

由于主从 JK 触发器是在主从 RS 触发器的基础上改变形成,对比图 9-2(a)和图 9-5(a)两电路中门 G_7、G_8 的输入可以得出

$$S=J\overline{Q^n};R=KQ^n$$

代入主从 RS 触发器的特性方程可得

$$Q^{n+1}=S+\overline{R}Q^n=J\overline{Q^n}+\overline{KQ^n}Q^n=J\overline{Q^n}+\overline{K}Q^n \qquad CP \text{ 下降沿到来时有效}$$

代入其约束条件后得

$$RS=K\overline{Q^n}\cdot J Q^n=0$$

即在主从 JK 触发器中,不存在约束条件。

主从 JK 触发器的特性表见 9-4,该表直观地描述了主从 JK 触发器的逻辑功能——次态 Q^{n+1} 与现态 Q^n 和输入 J、K 间的逻辑关系。

表 9-4　主从 JK 触发器的特性表

J	K	Q^n	Q^{n+1}	备注
0	0	0	0	
0	0	1	1	保持
0	1	0	0	
0	1	1	0	置0
1	0	0	1	
1	0	1	1	置1
1	1	0	1	
1	1	1	0	翻转

③ 主要特点

优点:主从控制脉冲触发,功能完善,输入信号 J、K 之间没有约束,是一种应用起来十分灵活和方便的时钟触发器。

缺点：存在一次变化问题，即主从 JK 触发器中的主触发器，在 $CP=1$ 期间其状态能且只能变化一次，这种变化可以使输入信号 J 或 K 变化引起的，也可以使干扰脉冲引起，因此其抗干扰能力还需进一步提高。

由图可以看出：若在 $CP=0$ 期间，设 $Q=Q_m=0$，$\overline{Q}=\overline{Q_m}=1$，则当 CP 跳变到 1 时，因 $Q=0$，门 G_8 被封锁，输入信号只能从 J 端输入，若此时 J 输入信号为 1，则主触发器状态 $Q_m=1$，之后无论 J 如何变化，其状态 Q_m 都不会再改变了，这就是一次变化问题；同理可分析 $Q=Q_m=1$，$\overline{Q}=\overline{Q_m}=0$ 时，门 G_7 被封锁，输入信号只能从 K 端输入的情况。若干扰信号在有用信号之前输入触发器，则将会造成触发器状态出错。

（2）边沿 JK 触发器

为了解决主从 JK 触发器的一次变化问题以及进一步提高触发器的抗干扰能力，出现了边沿 JK 触发器。

① 逻辑符号

边沿 JK 触发器的逻辑符号如图 9-6 所示。由逻辑符号可以看出，边沿 JK 触发器和主从 JK 触发器的区别是边沿 JK 触发器没有延迟。在 $CP=1$ 期间，J、K 输入端信号的变化不会影响触发器的状态，只有当 CP 下降沿到来时，才接收 J、K 端的信号输入，使触发器状态改变。由于触发器是在 CP 脉冲的边沿改变状态，故称为边沿 JK 触发器。

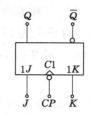

图 9-6 边沿 JK 触发器的逻辑符号

② 作原理

由于边沿 JK 触发器和主从 JK 触发器的功能相同，因此其特性方程基本不变，特性表也相同，如表 9-5 所示：

$$Q^{n+1}=J\overline{Q^n}+\overline{K}Q^n \qquad CP \text{ 下降沿时刻有效}$$

表 9-5 边沿 JK 触发器特性表

J	K	Q^n	Q^{n+1}	备注
0	0	0	0	
0	0	1	1	保持
0	1	0	0	
0	1	1	0	置0
1	0	0	1	
1	0	1	1	置1
1	1	0	1	
1	1	1	0	翻转

③ 作波形图

边沿 JK 触发器的工作波形图如图 9-7 所示。

④ 主要特点

时钟脉冲边沿控制。在 CP 上升沿或下降沿的瞬间，加载 J 端和 K 端的信号才会被接收，从而改变触发器的状态。

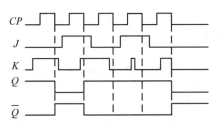

图 9-7　边沿 JK 触发器波形

抗干扰能力极强,工作速度很高,因为只要在 CP 触发沿瞬间 J、K 的值是稳定的,触发器就能够可靠地按照特性方程的规定更新状态,在其他时间里,J、K 的变化不会影响触发器的状态。由于是边沿控制,所需的输入信号建立时间和保持时间都极短,所以它的工作速度可以很高。

功能齐全,使用灵活方便,在 CP 的边沿控制下,根据 J、K 取值的不同,边沿 JK 触发器具有保持、置 0、置 1、翻转 4 种功能,是全功能性的电路。

9.1.5.3　集成 JK 触发器简介

图 9-8(a)是 TTL 型集成边沿 JK 触发器 74LS112 的引脚排列图,该集成电路采用双列直插式 16 引脚封装。内部集成了 2 组边沿 JK 触发器。$\overline{R}_D$ 和 $\overline{S}_D$ 端分别为触发器的直接复位和置位端,用于将触发器直接置 0 或置 1,低电平有效。CP 为触发器的时钟脉冲输入端,采用脉冲下降沿触发。两组触发器共用电源 V_{CC}。

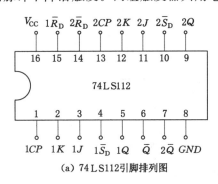

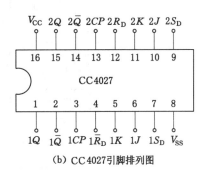

(a) 74LS112引脚排列图　　　　　(b) CC4027引脚排列图

图 9-8　边沿 JK 触发器引脚排列图

图 9-8(b)是 CMOS 型集成边沿 JK 触发器 CC4027 的引脚排列图,采用双列直插式 16 引脚封装。内部集成了两组边沿 JK 触发器。R_D 和 S_D 分别为触发器的直接复位和置位端,用于将触发器直接置 0 或置 1,高电平有效。CP 为触发器的时钟脉冲输入端,采用脉冲上升沿触发,两组触发器共用电源 V_{CC}。

9.1.6　D 触发器的基本原理

9.1.6.1　D 型触发器

（1）定义

在时钟脉冲操作下,凡是具有置 0、置 1 功能的电路,都叫作 D 型时钟触发器,简称为 D 型触发器或 D 触发器。

（2）逻辑符号、特性表和特性方程

图 9-9　边沿 D 触发器逻辑符号

如图 9-9 所示,是 D 型触发器的逻辑符号,表 9-6 所示是它的特性表,由特性表可以得出结论,其功能是符合 D 型触发器的定义的。

表 9-6　D 触发器的特性表

D	Q^{n+1}	备注
0	0	置 0
1	1	置 1

特性方程

$$Q^{n+1} = D \qquad CP \text{ 下降沿时刻有效}$$

9.1.6.2　D 触发器的基本原理

(1) 电路组成及逻辑符号

如图 9-10(a) 所示是用两个同步 D 触发器级联起来构成的边沿 D 触发器,它虽然具有主从结构形式,但却是边沿控制的电路。图 9-10(b) 为其逻辑符号。

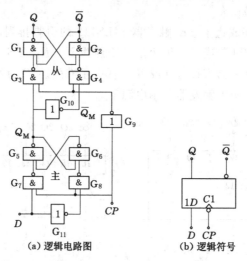

(a) 逻辑电路图　　　　(b) 逻辑符号

图 9-10　边沿 D 触发器

(2) 工作原理

图 9-10 所示为具有主从结构形式的边沿 D 触发器,由两个同步 D 触发器组成,主触发器受 CP 操作,从触发器用 $\overline{CP}$ 管理。

① $CP = 0$ 时的情况

$CP = 0$ 时,门 G_7、G_8 被封锁,门 G_3、G_4 打开,从触发器的状态决定于主触发器,$Q = Q_M$、$\overline{Q} = \overline{Q_M}$。输入信号 D 被拒之门外。

② $CP = 1$ 时的情况

$CP = 1$ 时,门 G_7、G_8 打开,门 G_3、G_4 被封锁,从触发器保持原来的状态不变,D 信号进入主触发器。但是要特别注意,这时主触发器只跟随而不锁存,即 Q_M 跟随 D 变化,D 怎么变 Q_M 也随之怎么变。

③ CP 下降沿时刻的情况

CP 下降沿到来时,将封锁门 G_7、G_8,打开门 G_3、G_4,主触发器所存 CP 下降时刻 D 的值即 $Q_M = D$,随后将该值送入从触发器,使 $Q = D$、$\overline{Q} = \overline{D}$。

④ CP 下降沿过后的情况

CP 下降沿过后,主触发器所存的 CP 下降沿时刻 D 的值显然将保持不变,而从触发器的状态当然也不可能发生变化。

综上所述可得

$$Q^{n+1} = D \qquad CP \text{ 下降沿时刻有效}$$

此式就是边沿 D 触发器的特性方程,CP 下降沿时刻有效,注意,式中的 Q^{n+1} 只能取 CP 下降时刻输入信号 D 的值。

与主从触发器中情况一样,在边沿 D 触发器中也设置有异步输入端 $\overline{R_D}$,$\overline{S_D}$,$\overline{R_D}$ 用于直接复位,称为直接复位端或清 0 端,$\overline{S_D}$ 用于直接置位,叫作直接置位端或置 1 端。图 9-11 所示是其逻辑符号。

逻辑符号中:异步输入端的小圆圈表示低电平有效,若无小圈则表示高电平有效;CP 端有小圆圈表示下降沿触发,若无效圆圈则表示上升沿触发。

(3) 工作波形图

边沿 D 触发器的工作波形图如图 9-12 所示。

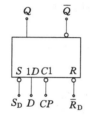

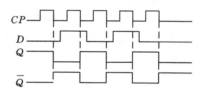

图 9-11　带异步输入端的边沿 D 触发器的逻辑符号　　　　图 9-12　边沿 D 触发器的工作波形

(4) 主要特点

① CP 边沿(上升沿或下降沿)触发。在上升沿(或下降沿)时刻,触发器才按照特性方程进行状态转换。

② 抗干扰能力极强。因为是边沿触发,只要在触发边沿附近一个短暂的时间内加在 D 端的输入信号是稳定的,触发器就能够可靠接受,其他时间里输入信号对触发器不会起作用。

③ 只有置 0 和置 1 功能。

9.1.6.3　集成 D 触发器简介

图 9-13(a)是 TTL 型集成边沿 D 触发器 74LS74 的引脚排列图,该集成电路采用双列直插式 14 引脚封装。内部集成了两组边沿 D 触发器。$\overline{R_D}$ 和 $\overline{S_D}$ 端分别为触发器的直接复位和置位端,用于将触发器直接置 0 或置 1,低电平有效。CP 为触发器的时钟脉冲输入端,采用脉冲上升沿触发。两组触发器共用电源 V_{CC}。

图 9-13(b)是 CMOS 型集成边沿 D 触发器 CC4013 的引脚排列图,与 74LS74 功能基本相同,也集成了两组 CP 上升沿触发的边沿 D 触发器,不同之处是直接复位端 R_D 和置位端 S_D 为高电平有效。

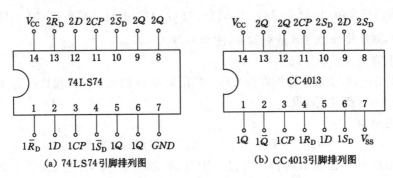

(a) 74LS74引脚排列图   (b) CC4013引脚排列图

图 9-13　边沿 D 触发器引脚排列图

9.2　时序逻辑电路的基本概念

9.2.1　时序逻辑电路的结构及特点

　　时序逻辑电路中,电路任何一个时刻的输出状态不仅取决于当时的输入信号,还与电路的原状态有关。

　　时序电路中必须含有具有记忆能力的存储器件。存储器件的种类很多,如触发器、延迟线、磁性器件等,但最常用的是触发器。

　　由触发器作存储器件的时序电路的基本结构框图如图 9-14 所示,一般来说,它由组合电路和触发器两部分组成。

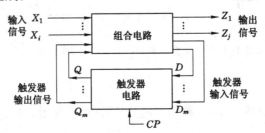

图 9-14　时序逻辑电路结构图

9.2.2　描述其逻辑功能的方程组

9.2.2.1　输出方程

$$\begin{cases} y_1 = f_1(x_1, x_2, \cdots, x_i, q_1, q_2, \cdots, q_l) \\ y_2 = f_2(x_1, x_2, \cdots, x_i, q_1, q_2, \cdots, q_l) \\ \qquad\qquad\qquad\vdots \\ y_j = f_j(x_1, x_2, \cdots, x_i, q_1, q_2, \cdots, q_l) \end{cases}$$

其向量函数形式为:

$$\begin{cases} y_1 = f_1(x_1, x_2, \cdots, x_i, q_1, q_2, \cdots, q_l) \\ \qquad\qquad\qquad\vdots \\ y_j = f_1(x_1, x_2, \cdots, x_i, q_1, q_2, \cdots, q_l) \end{cases} \Rightarrow 输出方程\ Y = F(X, Q)$$

9.2.2.2 状态方程

$$q_1^{n+1} = h_1(z_1, z_2, \cdots, z_k, q_1^n, q_2^n, \cdots, q_l^n)$$
$$q_1^{n+1} = h_1(z_1, z_2, \cdots, z_k, q_1^n, q_2^n, \cdots, q_l^n)$$
$$\vdots$$
$$q_l^{n+1} = h_1(z_1, z_2, \cdots, z_k, q_1^n, q_2^n, \cdots, q_l^n)$$

其向量函数形式为：

$$\begin{cases} z_1 = g_1(x_1, x_2, \cdots, x_i, q_1, q_2, \cdots, q_l) \\ \vdots \\ z_k = g_1(x_1, x_2, \cdots, x_i, q_1, q_2, \cdots, q_l) \end{cases} \Rightarrow \text{驱动（激动）方程 } Z = G(X, Q)$$

9.2.2.3 驱动方程

$$\begin{cases} z_1 = g_1(x_1, x_2, \cdots, x_i, q_1, q_2, \cdots, q_l) \\ z_2 = g_2(x_1, x_2, \cdots, x_i, q_1, q_2, \cdots, q_l) \\ \vdots \\ z_k = g_k(x_1, x_2, \cdots, x_i, q_1, q_2, \cdots, q_l) \end{cases}$$

其向量函数形式为：

$$q_1^{n+1} = h_1(z_1, z_2, \cdots, z_i, q_1^n, q_2^n, \cdots, q_l^n)$$
$$\vdots$$
$$q_l = h_1(z_1, z_2, \cdots, z_i, q_1^n, q_2^n, \cdots, q_l^n)$$

9.2.3 时序逻辑电路的分类

9.2.3.1 按电路中触发器的动作特点分类

（1）同步时序逻辑电路

电路中所有触发器状态的变化都在同一时钟信号的同一边沿发生。

（2）异步时序逻辑电路

不满足同步时序逻辑电路的条件不在同一时钟边沿翻转；没有时钟信号。

9.2.3.2 按输出信号的特点分类

（1）米利型

输出信号与电路的状态和输入变量都有关。

（2）穆尔型

输出信号只取决于电路的状态（电路可能没有输入信号）。

9.2.4 时序逻辑电路功能的描述方法

时序电路的逻辑功能可以用状态方程、状态图、状态表、时序图四种方法来表示，这几种表示方法是等价的，并且可以相互转换。

9.2.4.1 状态方程

表明时序电路中触发器状态转换条件的代数表示方式，例如有两个触发器 F_1、F_2，其中 F_2 的状态方程为

$$Q_2^{n+1} = X Q_1 + X Q_2 Q_1$$

则表明当 $X=1$、$Q_1=0$ 或 $X=0$、$Q_2 Q_1 = 11$ 时，F_2 的次态 $Q_2^{n+1}=1$

因此状态方程是说明使次态为 1 时外输入和内部状态的条件。它在形式上与触发器的

特征方程相似,所不同的是根据外部输入变量和电路中各触发器的现态值来确定次态条件。

9.2.4.2 状态图

反映时序电路转移规律以及相应输入、输出情况的图形称为状态图或状态转移图。

状态图中每个圆圈表示一个状态,带箭头的弧线表示状态转移方向、转移线旁标注出转移的外输入条件和当前的外输出情况。

Moore 型和 Mealy 型电路的状态图表示方法不同。Mealy 型电路的外输出 $Y=f[X、Q]$,故标在箭头旁 X/Y;Moore 型电路的外输出 $Y=f[Q]$,故标在箭头旁 $/Y$。

(1) Mealy 型状态图

Mealy 型状态图如图 9-15 所示。

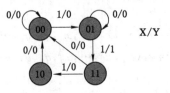

图 9-15 Mealy 型状态图

箭头旁标注的是外输入 X 和外输出 Y。

(2) Moore 型状态图

Moore 型状态图如图 9-16 所示。

图 9-16 Moore 型状态图

9.2.4.3 状态表

反映时序电路中外输出及各个触发器次态 Q^{n+1} 与外部输入信号、现态 Q_i 之间逻辑关系的表格,也称状态转移表。

(1) Mealy 型状态表

Mealy 型状态表如图 9-17 所示。

Q_2Q_1 ╲ X	$Q_2^{n+1}Q_1^{n+1}/Y$	
	0	1
0 0	01/0	11/1
0 1	10/0	00/0
1 1	00/0	10/0
1 0	11/0	01/0

图 9-17 Mealy 型状态表

(2) Moore 型状态表

Moore 型状态表如图 9-18 所示。

	$Q_2^{n+1}Q_1^{n+1}$		Y
Q_2Q_1 \ X	0	1	
0 0	01	11	0
0 1	10	00	0
1 1	00	10	1
1 0	11	01	0

(a)

$Q_2Q_1Q_0$	$Q_2^{n+1}Q_1^{n+1}Q_0^{n+1}$
0 0 0	0 0 0
0 0 1	0 0 1
0 1 0	0 1 0
0 1 1	0 1 1
1 0 0	1 0 0
1 0 1	1 0 1
1 1 0	1 1 0
1 1 1	1 1 1

(b)

CP	$Q_2Q_1Q_0$
1	0 0 0
2	0 0 1
3	0 1 0
4	0 1 1
5	1 0 0

(c)

图 9-18 Moore 型状态表

在图 9-18(b)Moore 状态表中的 Y 仅取决于当前状态，所以可以单独列出。图 9-18(c) 是没有外输入 X 和外输出 Y 的状态。图 9-18(d)仅表示主循环的状态变化。

9.2.4.4 时序图

反映时序电路的输出 Y 和内部状态 Q 随时钟和输入信号变化的工作波形。

（1）状态表

状态表如图 9-19 所示。

（2）状态图

状态图如图 9-20 所示。

	$Q_2^{n+1}Q_1^{n+1}/Y$	
Q_2Q_1 \ X	0	1
0 0	01/0	11/1
0 1	10/0	00/0
1 1	00/0	10/0
1 0	11/1	01/0

图 9-19 状态表

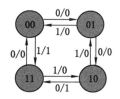

图 9-20 状态图

（3）时序图

时序图如图 9-21 所示。

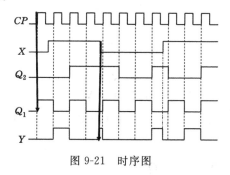

图 9-21 时序图

① 波形图中每个节拍的次态可根据状态表的现态和 X 确定，例如现态 $Q_2Q_1=00$，$X=0$ 时，其次态 $Q_2^{n+1}Q_1^{n+1}=01$；

② 外输出 $Y=X\overline{Q_2}Q_1+\overline{X}Q_2\overline{Q_1}$，它是组合电路的输出，$XQ_2Q_1=100$ 或 010 时，Y 立即为 1。

9.3 时序逻辑电路的分析和设计

9.3.1 时序逻辑电路的分析

分析时序逻辑电路的一般步骤为：

（1）根据给定的时序电路图写出下列各逻辑方程式：

① 各触发器的时钟方程。

② 时序电路的输出方程。

③ 各触发器的驱动方程。

（2）将驱动方程代入相应触发器的特性方程，求得各触发器的次态方程，也就是时序逻辑电路的状态方程；

（3）根据状态方程和输出方程，列出该时序电路的状态表，画出状态图或时序图；

（4）根据电路的状态表或状态图说明给定时序逻辑电路的逻辑功能。

下面举例说明时序逻辑电路的具体分析方法。

【例 9-1】 试分析图 9-22 所示的时序逻辑电路。

解 由于图 9-22 为同步时序逻辑电路，图中的两个触发器都接至同一个时钟脉冲源 CP，所以各触发器的时钟方程可以不写。

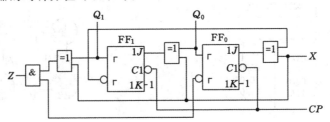

图 9-22 例 9-1 的逻辑电路图

（1）写出输出方程

$$Z = (X \oplus Q_1^n) \cdot \overline{Q_0^n} \tag{9-1}$$

（2）写出驱动方程

$$J_0 = X \oplus \overline{Q_1^n} \qquad K_0 = 1 \tag{9-2a}$$

$$J_1 = X \oplus Q_0^n \qquad K_1 = 1 \tag{9-2b}$$

（3）求各触发器的次态方程，写出 JK 触发器的特性方程

$Q^{n+1} = \overline{J Q^n} + \overline{K} Q^n$，然后将各驱动方程代入 JK 触发器的特性方程，得各触发器的次态方程：

$$Q_0^{n+1} = J_0 \overline{Q_0^n} + \overline{K_0} Q_0^n = (X \oplus \overline{Q_1^n}) \overline{Q_0^n} \tag{9-3a}$$

$$Q_1^{n+1} = J_1 \overline{Q_1^n} + \overline{K_1} Q_1^n = (X \oplus Q_0^n) \cdot \overline{Q_1^n} \tag{9-3b}$$

（4）作状态转换表及状态图

由于输入控制信号 X 可取 1，也可取 0，所以分两种情况列状态转换表和画状态图。① 当 $X = 0$ 时。

将 $X=0$ 代入输出方程(9-1)和触发器的次态方程(9-3),则输出方程简化为:$Z=\overline{Q_1^n}\,\overline{Q_0^n}$;触发器的次态方程简化为:$Q_0^{n+1}=\overline{Q_1^n Q_0^n}$,$Q_1^{n+1}=Q_0^n\overline{Q_1^n}$。

设电路的现态为 $Q_1^n Q_0^n=00$,依次代入上述触发器的次态方程和输出方程中进行计算,得到电路的状态转换表如表 9-7 所示。

根据表 9-7 所示的状态转换表可得状态转换图如图 9-23 所示。

表 9-7 $X=0$ 时的状态表

现态		次态		输出
Q_1^n	Q_1^n	Q_1^n	Q_1^n	Y
0	0	0	1	0
0	1	1	0	0
1	0	0	0	1

② 当 $X=1$ 时

输出方程简化为:$Z=\overline{Q_1^n Q_0^n}$;

触发器的次态方程简化为:$Q_0^{n+1}=Q_1^n\overline{Q_0^n}$,$Q_1^{n+1}=\overline{Q_0^n Q_1^n}$;

计算可得电路的状态转换表如表 9-8 所示,状态图如图 9-24 所示。

表 9-8 $X=1$ 时的状态表

现态		次态		输出
Q_1^n	Q_1^n	Q_1^n	Q_1^n	Y
0	0	1	1	1
1	0	0	0	0
0	1	0	0	0

将图 9-23 和图 9-24 合并起来,就是电路完整的状态图,如图 9-25 所示。

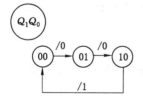

图 9-23 $X=0$ 时的状态图

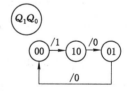

图 9-24 $X=1$ 时的状态图

(5)画时序波形图

时序波形图如图 9-26 所示。

(6)逻辑功能分析

该电路一共有 3 个状态 00、01、10。当 $X=0$ 时,按照加 1 规律从 00→01→10→00 循环变化,并每当转换为 10 状态(最大数)时,输出 $Z=1$。当 $X=1$ 时,按照减 1 规律从 10→01→00→10 循环变化,并每当转换为 00 状态(最小数)时,输出 $Z=1$。所以该电路是一个可控的 3 进制

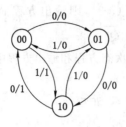

图 9-25　完整的状态图

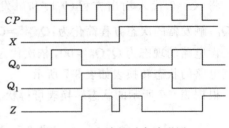

图 9-26　电路的时序波形图

计数器,当 $X=0$ 时,作加法计数,Z 是进位信号;当 $X=1$ 时,作减法计数,Z 是借位信号。

9.3.2　时序逻辑电路的设计

时序逻辑电路设计的一般步骤为:首先根据设计要求,画出原始状态图,然后对原始状态图进行化简,对状态进行分配,选择触发器,求时钟、输出、状态、驱动方程,画出电路图,检查能否自启动。

【例 9-2】　设计一个串行数据检测电路,当连续输入 3 个或 3 个以上 1 时,电路的输出为 1,其他情况下输出为 0。例如:

输入 X	101100111011110
输出 Y	000000001000110

(1) 建立原始状态图并化简

设电路开始处于初始状态为 S_0。

第一次输入 1 时,由状态 S_0 转入状态 S_1,并输出 0;

若继续输入 1,由状态 S_1 转入状态 S_2,并输出 0;

如果仍接着输入 1,由状态 S_2 转入状态 S_3,并输出 1;

此后若继续输入 1,电路仍停留在状态 S_3,并输出 1。

根据上面的描述,建立的原始状态如图 9-27 所示。

原始状态图中,凡是输入相同时,输出相同、要转换到的次态也相同的状态,称为等价状态。状态化简就是将多个等价状态合并成一个状态,把多余的状态都去掉,从而得到最简的状态图。所得原始状态图中,状态 S_2 和 S_3 等价。因为它们在输入为 1 时输出都为 1,且都转换到次态 S_3;在输入为 0 时输出都为 0,且都转换到次态 S_0。所以它们可以合并为一个状态,合并后的状态用 S_2 表示。

对简化后的原始状态图化简后,可以用三个状态来表示,对三个状态分别进行编码,最后简化后的编码状态图如图 9-28 所示。

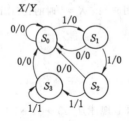

图 9-27　例 9-2 的电路原始状态图

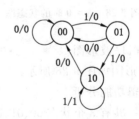

图 9-28　例 9-2 的简化状态图

（2）选触发器，求时钟、输出、状态、驱动方程

选用两个下降沿触发的 JK 触发器，分别用 FF_0、FF_1 表示。采用同步方案，画出卡诺图如下图 9-29、9-30、9-31 所示。

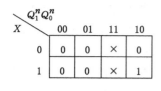
图 9-29　Y 的卡诺图

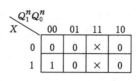
图 9-30　Q_0^{n+1} 的卡诺图

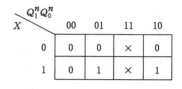
图 9-31　Q_1^{n+1} 的卡诺图

由卡诺图，可以得到输出方程和状态方程为：

$$Y = XQ_1^n \tag{9-4a}$$

$$Q_0^{n+1} = X\overline{Q_1^n}\,\overline{Q_0^n} \tag{9-4b}$$

$$Q_1^{n+1} = X\overline{Q_0^n}\,\overline{Q_1^n} + XQ_1^n \tag{9-4c}$$

和特性方程比较得驱动方程：

$$\begin{cases} J_0 = X\overline{Q_1^n} & K_0 = 1 \\ J_1 = XQ_0^n & K_1 = \overline{X} \end{cases} \tag{9-5}$$

（3）画电路图

由 J、K 触发器以及驱动方程，可以画出例 9-2 的电路图如图 9-32 所示。

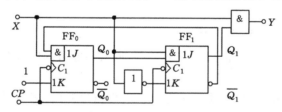
图 9-32　例 9-2 的电路图

（4）检查电路能否自启动

将无效状态 11 代入输出方程和状态方程，可知其可以回到状态 00 或状态 01，所以电路能够自启动，无效状态转换图如图 9-33 所示。

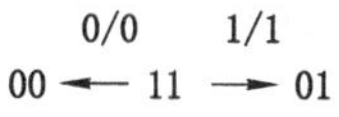

$$00 \xleftarrow{\;0/0\;} 11 \xrightarrow{\;1/1\;} 01$$

图 9-33　无效状态转换图

9.4　寄　存　器

9.4.1　寄存器的基本原理

在数字电路中，寄存器就是一种在某一特定信号（通常是时钟信号）的控制下用来存储一组二进制数据的时序逻辑电路。寄存器又称数据锁存器，其功能是接收、存储和输出数据，主要由触发器和控制门组成。寄存器一般由多个触发器级联，采用一个公共信号进行控制，同时各个触发器的数据端口仍然各自独立地接收数据。n 个触发器可以储存 n 位二进

制数据。

　　8 位寄存器 74LS374(74HC/HCT374)是数字电路中广泛使用的一种寄存器,这里将以它为例来讨论普通寄存器。通常,8 位寄存器 74374 内部由 8 个 D 触发器构成,它的逻辑图如图 9-34 所示。可以看出,8 位寄存器 74374 具有 8 个数据输入端口 $D_0 \sim D_7$、1 个时钟输入端口 CP、一个三态控制端口 OE 非和 8 个数据输出端口 $Q_0 \sim Q_7$。它的基本工作原理是:当三态控制端口有效并且有时钟上升沿到来时,寄存器将把输入数据送到输出端口上;当三态控制端口有效但没有时钟上升沿到来时,寄存器的输出端口将保持原来的状态;当三态控制端口无效时,寄存器的输出将为高阻状态,74374 的功能如表 9-9 所列。

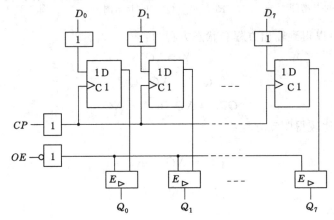

图 9-34　8 位寄存器 74374 的逻辑图

9.4.2　移位寄存器的基本原理

　　移位寄存器除了接受、存储、输出数据以外,同时还能将其中寄存的数据按一定方向进行移动。它是在锁存寄存器的基础上增加了移位功能的一种特殊的寄存器。通常,移位功能就是指寄存器里面存储的二进制数据能够在时钟信号的控制下依次左移或者右移。移位寄存器常用于数据的串/并转换、并/串转换、数值运算、数据处理以及乘法移位操作等。

　　移位寄存器有单向和双向移位寄存器之分。单向移位寄存器只能将寄存的数据在相邻位之间单方向移动,按移动方向分为左移移位寄存器和右移移位寄存器两种类型;既可将数据左移、又可右移的寄存器称为双向移位寄存器。右移移位寄存器电路如图 9-35 所示。

表 9-9　8 位寄存器 74374 的功能图

工作模式	输入			内部触发器	输出
	$\overline{OE}$	CP	D_N	Q_N^{n+1}	$Q_0 - Q_7$
存入读出数据	L	↑	L	L	触发器有效
	L	↑	H	H	
禁止输出	H	↑	L	L	高阻
	H	↑	H	H	高阻

9.4.2.1　串入/串出移位寄存器

　　在数字电路中,串入/串出移位寄存器是指它的第一个触发器的输入端口用来接收外来的

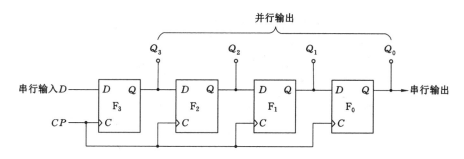

图 9-35　右移移位寄存器电路

输入信号,而其余的每一个触发器的输入端口均与前面一个触发器的正相输出端口 Q 相连。

　　这样,移位寄存器输入端口的数据将在时钟边沿的触发下逐级向后移动,然后从输出端口串行输出。一个 8 位串入/串出移位寄存器的结构如图 9-36 所示。经过 8 个 CP 脉冲作用后,从 a 端串行输入的数码就可以从 b 端串行输出。

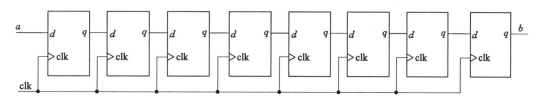

图 9-36　8 位串入/串出移位寄存器

9.4.2.2　串入/并出移位寄存器

　　在数字电路中,串入并出移位寄存器是指它的第一个触发器的输入端口用来接收外来的输入信号,而其余的每一个触发器的输入端口均与前面一个触发器的正相输出端口 q 相连。与串入/串出移位寄存器不同,串入/并出移位寄存器是将除了第一触发器外的其余触发器的输出都作为该移位寄存器的输出信号。这样,移位寄存器输入端口的数据在时钟边沿的作用下逐级向后移动,达到一定位数后并行输出。

　　74HC164(74HCT164)是高速 CMOS 器件,与低功耗肖特基型 TTL(LSTTL)器件的引脚兼容。为 8 位边沿触发式移位寄存器,串行输入数据,然后并行输出。数据通过两个输入端(DSA 或 DSB)之一串行输入;任一输入端可以用作高电平使能端,控制另一输入端的数据输入。两个输入端可以连接在一起,或者把不用的输入端接高电平,但是一定不要悬空。时钟(CP)每次由低变高时,数据右移一位,输入到 Q_0,Q_0 是两个数据输入端(DSA 和 DSB)的逻辑与,它将上升时钟沿之前保持一个建立时间的长度。主复位(MR 非)输入端上的一个低电平将使其他所有输入端都无效,同时非同步地清除寄存器,强制所有的输出为低电平,其内部结构如图 9-37 所示。

　　74HC164(74HCT164)有多种封装形式,如 DIP14、SO14、SSOP14 和 TSSOP14 封装,都是 14 个管脚,其引脚配置图如图 9-38 所示。

9.4.2.3　循环移位寄存器

　　在计算机的运算操作中经常用到循环移位,以 8 位循环左移寄存器为例来说明,其逻辑

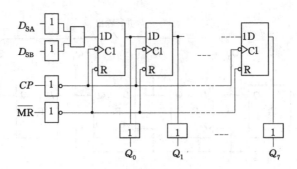

图 9-37　74HC164 的结构图

符号如图 9-39 所示。该电路有一个 8 位并行数据输入端 din,1 位数据输出控制端 end,时钟信号输入端 clk,3 位移位位数输入端 S,8 位数据输出端 dout。当 end＝1 时,根据 s(0)～s(2)输入的数值,确定在时钟的作用下,循环左移几位。当 end＝0 时,din 直接输出至dout。此处不再具体举例说明循环移位寄存器。

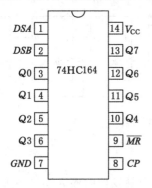
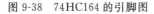

图 9-38　74HC164 的引脚图

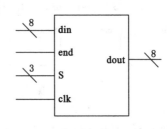

图 9-39　8 位循环左移寄存器的逻辑符号

9.5　计　数　器

　　计数器是一个典型的时序电路,它的逻辑功能是用来记忆时钟脉冲的具体个数,用来实现累计电路输入 CP 脉冲个数的功能。它不仅可用于对时钟脉冲进行计数,而且还可用于时钟分频、信号定时、地址发生器和进行数字运算等,应用十分广泛。

　　计数器按照 CP 脉冲的输入方式可分为同步计数器和异步计数器。

　　计数器按照计数规律可分为加法计数器、减法计数器和可逆计数器。

　　计数器按照计数的进制可分为二进制计数器($N＝2^n$)和非二进制计数器($N \neq 2^n$),其中,N 代表计数器的进制数,n 代表计数器中触发器的个数。

9.5.1　异步二进制加法计数器

　　异步二进制加法计数器原理图如图 9-41 所示,它由三个 JK 触发器组成,因此,每当有一个 CP 信号,触发器的状态就要翻转一次,而且,状态的翻转是发生在触发脉冲的下降沿。计数前,使得 $Q_2Q_1Q_0＝000$。第一个计数脉冲来到后,FF_0 由 0 态变为 1 态,FF_1 和 FF_2 的状态不变；第二个计数脉冲来到后，FF_0 由 1 态变为 0 态，在它的 Q 端上产生一个负跳变的脉冲，致使 FF_1 由 0 态变为 1 态。可见，FF_0 翻转两次，FF_1 才翻转一次。同理，FF_1 翻转二次，FF_2 翻转一次。当第 7 个脉冲来到后，$Q_2Q_1Q_0 = 111$；第 8 个脉冲来到后，$Q_2Q_1Q_0 = 000$，且 Q_2 向更高位输出一个负跳变的进位脉冲，此后，计数又进入新的计数周期。这种计数器的时序图如图 9-41 所示，状态转换表如表 9-10 所示。

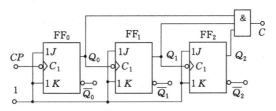

图 9-40　异步二进制加法计数器原理图

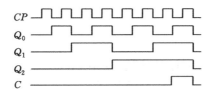

图 9-41　异步二进制加法计数器时序图

表 9-10　异步二进制加法计数器状态表

N	Q_3	Q_2	Q_1	十进制数
0	0	0	0	0
1	0	0	1	1
2	0	1	0	2
3	0	1	1	3
4	1	0	0	4
5	1	0	1	5
6	1	1	0	6
7	1	1	1	7

9.5.2　异步二进制减法计数器

当把图 9-41 中的 CP 端改接到 Q 非端，就构成了如图 9-43 所示的 3 位异步二进制减法计数器。令计数器初始状态为 000。第一个计数脉冲来到后，FF_0 处于 1 状态，同时，Q_0 非端输出一个负跳变信号，使得 FF_1 也由 0 态变为 1 态，同理，FF_2 也处于 1 态。第二个脉冲来到后，FF_0 由 1 态变为 0 态，Q_0 非端由 0 态变为 1，但由于是下降沿触发，所以 FF_1 仍为 "1" 态。当然 FF_2 的状态也不会。第三个脉冲来到后，FF_0 由 0 变为 1，Q_0 非端由 1 态变为 0，致使 FF_1 由 1 变为 0，显然，FF_2 的状态不变。与 9.5.1 的工作原理类似，低位触发器状态变化两次，高位触发器状态变化一次。这种触发器的时序图和状态表，分别如图 9-43

和表 9-11 所示。

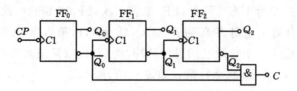

图 9-42　异步二进制减法计数器原理图

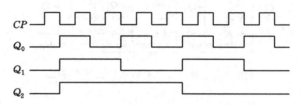

图 9-43　异步二进制减法计数器时序图

表 9-11　异步二进制加法计数器状态表

N	Q_3	Q_2	Q_1	十进制数
0	0	0	0	0
1	1	1	1	7
2	1	1	0	6
3	1	0	1	5
4	1	0	0	4
5	0	1	1	3
6	0	1	0	2
7	0	0	1	1
8	0	0	0	0

9.5.3　可逆计数器

　　由前面的叙述可知,CP 的连接位置不同,计数器的功能也就不同。因此,适当地设计电路结构,可使计数器兼有加法、减法计数功能。可以设计一个输入信号,辅助以适当的控制电路,便可以实现可逆计数器,此处不再详细展开讨论。

9.5.4　同步二进制加法减法计数器

　　同步计数器中,所有触发器的 CP 端是相连的,CP 的每一个触发沿都会使所有的触发器状态更新。因此不能使用 T' 触发器。应控制触发器的输入端,即将触发器接成 T 触发器。只有当低位向高位进位时(即低位全 1 时再加 1),令高位触发器的 $T=1$,触发器翻转,计数加 1。

　　按照上述原理可以设计由 JK 触发器组成的 N 位同步二进制加法计数器或者减法计数器。

9.5.5　集成同步二进制计数器

实际使用中，计数器不需要用触发器来构成，因为有许多 TTL 和 CMOS 专用集成计数器芯片可供选用。74LS161 为集成同步四位二进制计数器，其引脚图如图 9-44 所示。

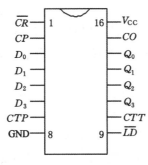

图 9-44　74LS161 引脚图

图中 $\overline{LD}$ 为同步置数控制端，$\overline{CR}$ 为异步置 0 控制端，CTP 和 CTT 为计数控制端，$D_3 \sim D_0$ 为并行数据输入端，$Q_3 \sim Q_0$ 为并行输出端，CO 为进位输出端。

74LS161 的功能主要有：

① 异步置 0 功能。$\overline{CR}=0$ 时，不论有无时钟脉冲信号 CP 和其他输入信号，计数器被置 0。即 $Q_3 Q_2 Q_1 Q_0 = 0000$。

② 同步并行置数功能。$\overline{CR}=1$、$\overline{LD}=0$ 时，在输入时钟脉冲信号 CP 上升沿到来时，并行输入的数据 $d_3 \sim d_0$ 被置入计数器，即 $Q_3 Q_2 Q_1 Q_0 = d_3 d_2 d_1 d_0$。

③ 计数功能。$\overline{LD}=\overline{CR}=CTP=CTT=1$、CP 端输入计数脉冲时，该计数器进行二进制加法计数。

④ 保持功能。$\overline{LD}=\overline{CR}=1$、且 $CTP \cdot CTT = 0$ 时，计数器状态保持不变。这时，若 $CTP=0$、$CTT=1$，则 $CO = CTTQ_3 Q_2 Q_1 Q_0 = Q_3 Q_2 Q_1 Q_0$，即进位输出信号 CO 保持不变；若 $CTP=1$、$CTT=0$，则 $CO=0$，即进位输出为 0。

9.5.6　集成同步二进制计数器

74LS160 是较为常用的集成十进制同步加法计数器，其引脚图和 74LS161 相同，如图 9-44 所示。图中 $\overline{LD}$ 为同步置数控制端，$\overline{CR}$ 为异步置 0 控制端，CTP 和 CTT 为计数控制端；$D_3 \sim D_0$ 为并行数据输入端，$Q_3 \sim Q_0$ 为并行数据输出端，CO 为进位输出端。该集成电路主要功能包括：

异步置 0 功能。$\overline{CR}=0$ 时，不论有无时钟脉冲信号 CP 等输入信号，计数器被置 0。即 $Q_3 Q_2 Q_1 Q_0 = 0000$。

同步并行置数功能。$\overline{CR}=1$、$\overline{LD}=0$ 时，在输入时钟脉冲信号 CP 上升沿的作用下，并行输入的数据 $d3 \sim d0$ 被置入计数器，即 $Q_3 Q_2 Q_1 Q_0 = d_3 d_2 d_1 d_0$。

计数功能。$\overline{LD}=\overline{CR}=CTP=CTT=1$ 时，在输入时钟脉冲信号 CP 的作用下，计数器按照 8421BCD 码的规律进行十进制加法计数。

保持功能。当 $\overline{LD}=\overline{CR}=1$，且 $CTP \cdot CTT = 0$ 时，计数器状态保持不变。这时，若 $CTP=0$、$CTT=1$，则 $CO = CTTQ_3 Q_0 = Q_3 Q_0$，即进位输出信号 CO 不变；若 $CTP=1$、$CTT=0$，

则 $CO = CTTQ_3Q_0 = 0$，即进位输出为 0。

9.5.7 反馈归零法获得 N 进制计数器

利用已有计数器（M 进制）的置 0 功能可以方便地构成 $N(N < M)$ 进制计数器。集成计数器的置 0 方式有异步和同步两种。异步置 0 与时钟脉冲 CP 无关，只要异步置 0 输入端存在有效信号，计数器立刻置 0。因此，利用异步置 0 端获得 N 进制计数器时，应在输入第 N 个计数脉冲信号 CP 后，通过控制电路产生一个置 0 信号加到异步置 0 端，使计数器置 0，以实现 N 进制计数。

与异步置 0 不同，同步置 0 端获得置 0 信号后，计数器并不立刻置 0，只是为置 0 提供了必要条件，在下一个计数脉冲信号 CP 的作用下，计数器才被置 0。因此，利用同步置 0 端获得 N 进制计数器时，应在输入第 $N-1$ 个计数脉冲 CP 时，同步置 0 端获得置 0 信号，为使输入第 N 个计数脉冲 CP 时计数器置 0 做准备。利用反馈归零法获得 N 进制计数器的具体步骤为：

用 $S_1, S_2, \cdots, S_N$ 表示输入 $1, 2, \cdots, N$ 个计数脉冲信号 CP 时计数器的状态。

（1）写出拟构成计数器相应状态的二进制代码。

（2）写出反馈归零函数。即根据 SN 或 SN－1 写出异步或同步置 0 端的输入逻辑表达式。

（3）作图。根据反馈归零函数表达式，画出电路连线图。

【例 9-3】 利用 74LS161 的同步置数功能构成十进制计数器。

解 74LS161 是 4 位二进制同步加法计数器，并设有同步置数控制端 $\overline{LD}$，利用它可实现十进制计数。设计数器从 $Q_3Q_2Q_1Q_0 = 0000$ 状态开始计数，由于采用反馈置数法获得十进制计数器，因此取 $D_3D_2D_1D_0 = 0000$。利用同步置数控制端获得 N 进制计数器一般均从 0 状态开始计数。

（1）写出 S_{N-1} 的二进制代码为：$S_{N-1} = S_{10-1} = S_9 = 1001$

（2）写出反馈归零（置数）函数。由于计数器从 0 开始计数，写出反馈归零函数为：

$$\overline{LD} = \overline{Q_3Q_0}$$

（3）画图。根据上式和置数要求画出十进制计数器连线图，如图 9-45 所示。

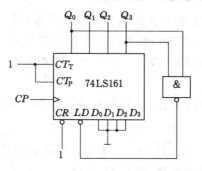

图 9-45 74LS161 构成十进制计数器

习　题

1. 两个或非门构成的基本 SR 锁存器和逻辑门控 SR 锁存器在电路结构、数据锁存动作上有什么区别？为什么它们在工作中均须遵循 $SR=0$ 的约束条件？

2. 逻辑门控和传输门控 D 锁存器在工作原理上有何不同？

3. 写出 RS、JK、D 型触发器的特性方程，列出它们的特性表，并描述它们的逻辑功能。

4. 分析图 9-46 所示电路的功能，列出功能表。

5. 逻辑图如图 9-47 所示，是由与非门构成的基本 SR 锁存器的电路以及输入端 $\overline{S}$ 和 $\overline{R}$ 的输入波形图，对应画出 Q 端和 $\overline{Q}$ 端的输出波形。

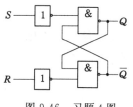

图 9-46　习题 4 图

6. 在图 9-48 所示的基本 SR 锁存器中，试分别画出下列三种情况下 Q 和 $\overline{Q}$ 的波形。

（1）$\overline{R}$ 端接地，$\overline{S}$ 端接脉冲；

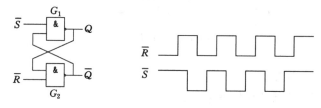

图 9-47　习题 5 图

（2）$\overline{R}$ 端悬空，$\overline{S}$ 端接脉冲；

（3）$\overline{R}=\overline{S}$，$\overline{S}$ 接脉冲。

7. 时序图如图 9-48 所示，逻辑门控 SR 锁存器中，电路的初始状态 $Q=1$，E、S、R 端的输入信号如图中所示，对应画出 Q 端和 $\overline{Q}$ 端的输出波形。

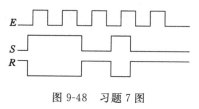

图 9-48　习题 7 图

8. 时序图如图 9-49 所示，为主从 RS 触发器中 CP、R、S 的波形，对应画出 Q_M、$\overline{Q_M}$、Q 端和 $\overline{Q}$ 端的输出波形。

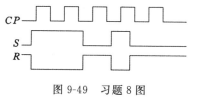

图 9-49　习题 8 图

9. JK 触发器电路及 CP、J、K 的波形如图 9-50 所示,试对应画出 Q 端和 $\overline{Q}$ 端的波形。

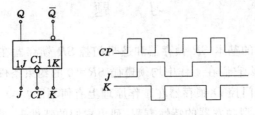

图 9-50　习题 9 图

10. D 触发器电路,时钟及输入信号波形如图 9-51 所示,试对应画出 Q 端和 $\overline{Q}$ 端的波形。

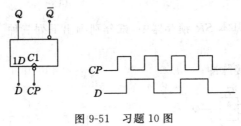

图 9-51　习题 10 图

11. 设计一个 16 分频器。

12. 设计一个 16 位循环移位寄存器。

13. 用 D 触发器设计 3 位二进制加法计数器,并画出波形图。

14. 用 D 触发器设计按循环码(000、001、011、111、101、100、000)规律工作的六进制同步计数器。

15. 现有 1 片 74LS299 8 位通用移位寄存器,一片 8 位 74LS373 锁存器,另有一个 D 触发器和一个与非门,请设计实现 8 位数据的串行-并行转换器。要求画出逻辑图,并列出 8 个 CP 时钟作用下,74LS299 的每个数据输出端码字变化情况。假设第 1 个 CP 到来时,码字最低位由右串入端送入 QA,第 8 个 CP 到来时,码字最高位由右移串入端送入 QA。

第 10 章　VHDL 基本数字电路设计

VHDL 是数字电路的硬件描述语言,使用它实现硬件描述是实现数字电路和数字系统设计的最重要的方法之一。目前 ASIC 和可编程器件是数字系统设计和开发的主要手段,可通过 VHDL 硬件描述来实现。本章将主要以设计实例来讲述 VHDL 语言在具体的基本数字电路中的应用。

10.1　组合逻辑电路设计

10.1.1　门电路设计

门电路是构成所有组合逻辑电路的基本电路,因此在进行比较复杂的组合逻辑电路描述之前,先要掌握这些基本电路的VHDL 描述。

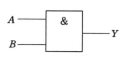

图 10-1　二输入与门电路

10.1.1.1　二输入与门

二输入与门的逻辑表达式如下所示:

$$Y = A \cdot B$$

二输入与门的逻辑电路如图 10-1 所示,真值表如表 10-1 所示。

表 10-1　二输入与门逻辑真值表

A	B	Y
0	0	0
0	1	0
1	0	0
1	1	1

二输入与门的 VHDL 语言描述如程序 10-1 和 10-2。

【程序 10-1】

```
library ieee;
use ieee. std_logic_1164. all;
entity and2 is
    port(A,B:in std_logic;
        Y:out std_logic);
end and2;
architecture and2_arc1 of and2 is
```

```
begin
   Y<=A and B;
end and2_arc1;
```

【程序 10-2】

```
library ieee;
use ieee. std_logic_1164. all;
entity and2 is
    port(A,B:in std_logic;
        Y:out std_logic);
end and2;
architecture and2_arc2 of and2 is
begin
   process(A,B)
variable comb:std_logic_vector(1 downto 0);
   begin
       comb:=A&B;
       case comb is
          when "00" =>Y<='0';
          when "01" =>Y<='0';
          when "10" =>Y<='0';
          when "11" =>Y<='1';
          when others =>Y<='X';
       end case;
    end process;
 end and2_arc2;
```

　　程序 10-1 是二输入与门的行为描述,程序 10-2 是二输入与门的数据流描述。从程序中可以看出,行为描述与逻辑表达式的形式十分接近,因此很容易阅读;而数据流描述则是以真值表为根据进行编写的,它以数据的流向来完成功能的描述。

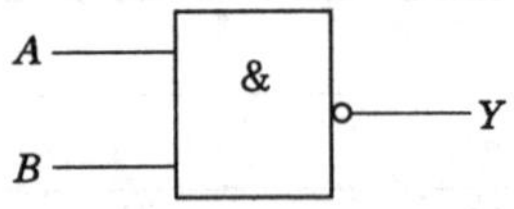

10.1.1.2　二输入与非门

　　二输入与非门的逻辑表达式如下所示:

$$Y=\overline{A \cdot B}$$

　　二输入与非门的逻辑电路如图 10-2 所示,真值表如表 10-2 所示。

图 10-2　二输入与非门电路

表 10-2　二输入与非门逻辑真值表

A	B	Y
0	0	1
0	1	1
1	0	1
1	1	0

二输入与非门的 VHDL 语言描述如程序 10-3 和 10-4。

【程序 10-3】

```
library ieee;
use ieee. std_logic_1164. all;
entity nand2 is
    port(A,B:in std_logic;
          Y:out std_logic);
end nand2;
architecture nand2_arc1 of nand2 is
begin
  Y<=A nand B;
end nand2_arc1;
```

【程序 10-4】

```
library ieee;
use ieee. std_logic_1164. all;
entity nand2 is
    port(A,B:in std_logic;
          Y:out std_logic);
end nand2;
architecture nand2_arc2 of nand2 is
begin
  process(A,B)
variable comb:std_logic_vector(1 downto 0);
  begin
    comb:=A&B;
    case comb is
      when "00" =>Y<='1';
      when "01" =>Y<='1';
      when "10" =>Y<='1';
      when "11" =>Y<='0';
      when others =>Y<='X';
    end case;
  end process;
end nand2_arc2;
```

10.1.1.3 二输入或门

二输入或门的逻辑表达式如下所示：

$$Y=A+B$$

二输入或门的逻辑电路如图 10-3 所示,真值表如表 10-4 所示。

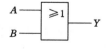

图 10-3 二输入或门电路

表 10-3　二输入或门逻辑真值表

A	B	Y
0	0	0
0	1	1
1	0	1
1	1	1

二输入或门的 VHDL 语言描述如程序 10-5 和 10-6。

【程序 10-5】

```
library ieee；
use ieee. std_logic_1164. all；
entity or2 is
    port(A,B：in std_logic；
        Y：out std_logic)；
end or2；
architecture or2_arc1 of or2 is
begin
    Y<=A or B；
end or2_arc1；
```

【程序 10-6】

```
library ieee；
use ieee. std_logic_1164. all；
entity or2 is
    port(A,B：in std_logic；
        Y：out std_logic)；
end or2；
architecture or2_arc2 of or2 is
begin
    process(A,B)
variable comb：std_logic_vector(1 downto 0)；
    begin
        comb：=A&B；
        case comb is
            when "00" =>Y<='0'；
            when "01" =>Y<='1'；
            when "10" =>Y<='1'；
            when "11" =>Y<='1'；
            when others =>Y<='X'；
        end case；
    end process；
end or2_arc2；
```

10.1.1.4　二输入或非门

二输入或非门的逻辑表达式如下所示：

$$Y = /(A + B)$$

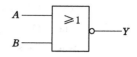

二输入或非门的逻辑电路如图 10-4 所示，真值表如表 10-4　图 10-4　二输入或非门电路
所示。

表 10-4　二输入或非门逻辑真值表

A	B	Y
0	0	1
0	1	0
1	0	0
1	1	0

　　二输入或非门的 VHDL 语言描述如程序 10-7 和 10-8。

【程序 10-7】

```
library ieee；
use ieee. std_logic_1164. all；
entity nor2 is
    port(A,B：in std_logic；
        Y：out std_logic)；
end nor2；
architecture nor2_arc1 of nor2 is
begin
  Y<=A nor B；
end nor2_arc1；
```

【程序 10-8】

```
library ieee；
use ieee. std_logic_1164. all；
entity nor2 is
    port(A,B：in std_logic；
        Y：out std_logic)；
end or2；
architecture nor2_arc2 of nor2 is
begin
  process(A,B)
variable comb：std_logic_vector(1 downto 0)；
  begin
    comb：=A&B；
    case comb is
      when "00" =>Y<='1'；
      when "01" =>Y<='0'；
```

```
        when "10" =>Y<='0';
        when "11" =>Y<='0';
        when others =>Y<='X';
      end case;
    end process;
  end nor2_arc2;
```

10.1.1.5 二输入异或门

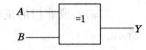

图 10-5　二输入异或门电路

二输入异或门的逻辑表达式如下所示：

$$Y = A \oplus B = \overline{A}B + A\overline{B}$$

二输入或非门的逻辑电路如图 10-5 所示，真值表如表 10-5 所示。

表 10-5　二输入异或门逻辑真值表

A	B	Y
0	0	0
0	1	1
1	0	1
1	1	0

二输入或门的 VHDL 语言描述如程序 10-9 和 10-10。

【程序 10-9】

```
library ieee;
use ieee. std_logic_1164. all;
entity xor2 is
    port(A,B:in std_logic;
        Y:out std_logic);
end xor2;
architecture xor2_arc1 of xor2 is
begin
  Y<=A xor B;
end xor2_arc1;
```

【程序 10-10】

```
library ieee;
use ieee. std_logic_1164. all;
entity xor2 is
    port(A,B:in std_logic;
        Y:out std_logic);
end xor2;
architecture xor2_arc2 of xor2 is
begin
  process(A,B)
variable comb:std_logic_vector(1 downto 0);
```

```
    begin
        comb:=A&B;
        case comb is
            when "00" =>Y<='0';
            when "01" =>Y<='1';
            when "10" =>Y<='1';
            when "11" =>Y<='0';
            when others =>Y<='X';
        end case;
    end process;
end xor2_arc2;
```

10.1.1.6　与或非门

与或非逻辑运算是由与、或、非 3 种运算复合而成的。其逻辑表达式为：

$$Y = \overline{AB + CD}$$

与或非门的逻辑电路如图 10-6 所示，真值表如表 10-6 所示。

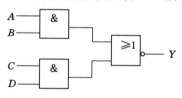

图 10-6　与或非门电路

表 10-6　与或非门真值表

A	B	C	D	Y
0	0	0	0	1
0	0	0	1	1
0	0	1	0	1
0	0	1	1	0
0	1	0	0	1
0	1	O	1	1
0	1	1	0	1
0	1	1	1	0
1	0	0	0	1
1	0	0	1	1
1	0	1	0	1
1	0	1	1	0
1	1	0	0	0
1	1	0	1	0
1	1	1	0	0
1	1	1	1	0

与或非门的 VHDL 语言描述如程序 10-11 和 10-12。

【程序 10-11】

```
library ieee;
use ieee. std_logic_1164. all;
entity aon4 is
    port(A,B:in std_logic;
         Y:out std_logic);
end aon4;
architecture aon4_arc1 of aon4 is
begin
    Y<=not((A and B) or (C or D));
end aon4_arc1;
```

【程序 10-12】

```
library ieee;
use ieee. std_logic_1164. all;
entity aon4 is
    port(A,B:in std_logic;
         Y:out std_logic);
end aon4;
architecture aon4_arc2 of aon4 is
begin
    process(A,B,C,D)
variable comb:std_logic_vector(3 downto 0);
    begin
        comb:=A&B&C&D;
        case comb is
            when "0000" =>Y<='1';
            when "0001" =>Y<='1';
            when "0010" =>Y<='1';
            when "0011" =>Y<='0';
            when "0100" =>Y<='1';
            when "0101" =>Y<='1';
            when "0110" =>Y<='1';
            when "0111" =>Y<='0';
            when "1000" =>Y<='1';
            when "1001" =>Y<='1';
            when "1010" =>Y<='1';
            when "1011" =>Y<='0';
            when "1100" =>Y<='0';
            when "1101" =>Y<='0';
            when "1110" =>Y<='0';
            when "1111" =>Y<='0';
```

　　　　　when others =＞Y＜="XXXX"；

　　　　end case；

　　　end process；

　　end aon4_arc2；

10.1.2　三态门及总线缓冲器电路设计

　　三态门及总线缓冲器是数字逻辑电路中常用的接口电路和总线驱动电路,熟练地使用三态门及总线缓冲器对于构架复杂系统有很大的帮助。

10.1.2.1　三态门

　　三态门也称三态缓冲器,它的作用是缓冲数据、增强线驱动能力、把功能模块和总线相连接等。和总线相连接的器件通常要通过三态门与总线连接,当某个器件与总线是电气连接时,三态门处于开通;而其他器件和总线断开时,三态门处于"高阻态",三态门的输出不随输入而变化。

　　三态门的电路图如图 10-7 所示,三态门有 1 个输入信号、一个输出信号和 1 个选通信号。

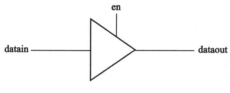

图 10-7　三态门电路

　　三态门的真值表如表 10-7 所示,当选通信号 en＝$'1'$时,输入和输出是连通的,而当选通信号 en＝$'0'$时,输入和输出是断开的,输出端口呈现高阻态。

表 10-7　三态门的真值表

en	datain	dataout
0	X	Z
1	0	0
1	1	1

　　三态门的 VHDL 语言描述程序如程序 10-13、10-14 和 10-15。

【程序 10-13】

```
library ieee;
use ieee. std_logic_1164. all;
entity triple_buffer is
    generic(cydelay1,cydelay2:time);
    port(datain,en:in std_logic;
        dataout:out std_logic);
end triple_buffer;
architecture tri_method1 of triple_buffer is
begin
    process(datain,en)
```

```
    begin
      if(en='1') then
          dataout<=datain after cydelay1;
      else
          dataout<='Z' after cydelay2;
end if;
    end process;
end tri_method1;
```

【程序 10-14】

```
library ieee;
use ieee. std_logic_1164. all;
entity triple_buffer is
    port(datain,en:in std_logic;
        dataout:out std_logic);
end triple_buffer;
architecture tri_method2 of triple_buffer is
begin
    triple_method2:block(en='1')
    begin
      dataout<=guarded datain;
    end block triple_method2;
end tri_method2;
```

【程序 10-15】

```
library ieee;
use ieee. std_logic_1164. all;
entity triple_buffer is
    port(datain,en:in std_logic;
        dataout:out std_logic);
end triple_buffer;
architecture tri_method3 of triple_buffer is
begin
    process(datain,en)
    begin
    case en is
      when '1' =>dataout<=datain;
      when others =>dataout<='Z';
    end case;
    end process;
end tri_method3;
```

程序 10-13 采用进程结构,用 if-else 语句实现;程序 10-15 采用进程结构,用 case 语句实现;程序 10-14 用卫式块语句(guarded block)实现,卫式块的条件是"en='1'",只有块语句的条件满足时,块中包含的语句才能执行,也即只有当三态门的选通信号为逻辑 1 时,才执行块语句,使输入信号和输出信号相连。

10.1.2.2　总线缓冲器

总线缓冲器在数字电路系统设计中用途很多,如常用来缓冲数据总线、增强地址总线和控制总线的驱动能力、把处理器 CPU 和电路板上的其他外设模块连接起来等。总线缓冲器分为单向总线缓冲器和双向总线缓冲器。

(1)单向总线缓冲器

在微机系统中经常采用单向总线缓冲器来驱动地址总线和控制总线,通常是由多个三态门组合而构成的。

在通用的 74/54 系列规模集成电路中,74244 是一个典型的单向总线缓冲器,它有 8 个输入信号和 8 个输出信号,并分为两组,2 个选通信号 1GN、2GN 是低电平有效的,它们分别控制两组 4 位总线,其 VHDL 程序描述如程序 10-16 和 10-17 所示。

【程序 10-16】

```
library ieee;
use ieee. std_logic_1164. all;
entity single_buffer_74244 is
    port(en_1,en_2 :in std_logic;
        datain_1,datain_2 :in std_logic_vector(3 downto 0);
        dataout_1,dataout_2 :out std_logic_vector(3 downto 0));
end single_buffer_74244;
architecture buffer_74244_method1 of single_buffer_74244 is
begin
  method_1:process(datain_1,en_1)
  begin
if(en_1='0') then
    dataout_1<=datain_1;
else
    dataout_1<="ZZZZ";
end if;
  end process method_1;
method_2:process(datain_2,en_2)
  begin
if(en_2='0') then
    dataout_2<=datain_2;
else
    dataout_2<="ZZZZ";
end if;
  end process method_2;
end buffer_74244_mothod1;
```

【程序 10-17】

```
library ieee;
use ieee. std_logic_1164. all;
```

```
entity single_buffer_74244 is
    port(en_1,en_2 :in std_logic;
        datain_1,datain_2 :in std_logic_vector(3 downto 0);
        dataout_1,dataout_2 :out std_logic_vector(3 downto 0));
end single_buffer_74244;
architecture buffer_74244_method2 of single_buffer_74244 is
begin
    method2_block:block(en_1='0')
    begin
        dataout_1<=guarded datain_1;
    end block method2_block;
method_2:process(datain_2,en_2)
    begin
if(en_2='0') then
    dataout_2<=datain_2;
else
    dataout_2<="ZZZZ";
end if;
    end process method_2;
end buffer_74244_method_2;
```

程序 10-16 和程序 10-17 实现 74244 的单向总线缓冲器,该单向总线缓冲器分为两个独立的功能模块,每个模块是一个受选通信号控制的 4 位单向总线缓冲器,所以在 VHDL 程序中把它们分作两个独立的进程并发执行,互不干扰。程序 10-16 采用两个独立的进程并发执行;程序 10-17 采用独立进程和卫式块并发执行的方法。

(2)双向总线缓冲器

在数字电路系统中经常用双向总线缓冲器来驱动数据总线和某些特殊的控制总线,在通用的 74/54 系列规模集成电路中,74245 是一个典型的 8 双向总线缓冲器,它也是由多个三态门组合而构成的。

74245 有 8 个输入信号和 8 个输出信号,1 个方向控制信号 dir,1 个输出使能信号 oe,它是一个低电平使能信号,在方向控制信号 dir 和输出使能信号 oe 的联合控制下,74245 就可以驱动 8 位的双向数据总线。当输出使能信号"oe=0",并且方向控制信号"dir=1"时,数据从 A 流向 B;当输出使能信号"oe=0",并且方向控制信号"dir=0"时,数据从 B 流向 A。当输出使能信号"oe=1"时,不管方向控制信号如何,数据端口 B 和数据端口 A 之间是断开的。其 VHDL 语言描述程序如程序 10-18。

【程序 10-18】

```
library ieee;
use ieee. std_logic_1164. all;
entity double_buffer_74245 is
    port(oe,dir :in std_logic;
dataA,dataB:inout std_loigc_vector(7 downto 0));
end double_buffer_74245;
```

```
architecture behavioral of double_buffer_74245 is
signal outA,outB:std_logic_vector(7 downto 0);
begin
    instA_74245:process(oe,dir,dataA)
    begin
if((oe='0') and (dir='1')) then
    outB<=dataA;
else
    outB<="ZZZZZZZZ";
end if;
dataB<=outB;
    end process instA_74245;
    instB_74245:process(oe,dir,dataB)
    begin
if((oe='0') and (dir='0')) then
    outA<=dataB;
else
    outA<="ZZZZZZZZ";
end if;
dataA<=outA;
    end process instB_74245;
end behavioral;
```

10.1.3   编码器设计

经常使用的编码器有两种:普通编码器和优先编码器。其中,普通编码器对于某一给定时刻,只能对一个输入信号进行编码。在它的输入端不允许同一时刻出现两个或两个以上的输入信号,否则编码器的输出将出现混乱。

10.1.3.1   普通编码器

经常使用的 8 线－3 线普通编码器对八个输入信号进行编码,然后以三位二进制码输出。其真值表如表 10-8 所示。

表 10-8   8 线－3 线编码器真值表

输　入								输　出		
I_0	I_1	I_2	I_3	I_4	I_5	I_6	I_7	Y_2	Y_1	Y_0
1	0	0	0	0	0	0	0	0	0	0
0	1	0	0	0	0	0	0	0	0	1
0	0	1	0	0	0	0	0	0	1	0
0	0	0	1	0	0	0	0	0	1	1
0	0	0	0	1	0	0	0	1	0	0
0	0	0	0	0	1	0	0	1	0	1
0	0	0	0	0	0	1	0	1	1	0
0	0	0	0	0	0	0	1	1	1	1

8 线－3 线编码器的 VHDL 语言描述程序如程序 10-19。

【程序 10-19】

```
library ieee；
use ieee. std_logic_1164. all；
entity encoder is
    port(i：in std_logic_vector(7 downto 0)；
         y：out std_logic_vector(2 downto 0))；
end encoder；
architecture rtl of encoder is
begin
    process(d)
    begin
        case i is
            when "00000001" =>y<= "111"；
            when "00000010" =>y<= "110"；
            when "00000100" =>y<= "101"；
            when "00001000" =>y<= "100"；
            when "00010000" =>y<= "011"；
            when "00100000" =>y<= "010"；
            when "01000000" =>y<= "001"；
            when "10000000" =>y<= "000"；
            when others=>y<= "XXX"；
        end case；
    end process；
end rtl；
```

10.1.3.2 优先级编码器

优先级编码器的输入端不允许同一时刻出现两个或两个以上的信号。但是，在设计编码器时已经将所有的输入信号按优先顺序排队，当几个输入信号同时出现时，只对其中优先级最高的一个输入信号进行编码。典型的优先编码器 74LS148 是对八个输入信号进行编码，然后以三位二进制码输出的优先编码器。

74LS148 优先编码器的真值表如表 10-9 所示，表中的"×"代表任意项。当同时有几个输入信号有效时，将输出优先级最高的那个输入所对应的二进制编码，这里 I_7 的优先级最高并且是低电平有效。

表 10-9　74LS148 优先级编码器的真值表

输入									输出				
$\overline{S}$	$\overline{I_7}$	$\overline{I_6}$	$\overline{I_5}$	$\overline{I_4}$	$\overline{I_3}$	$\overline{I_2}$	$\overline{I_1}$	$\overline{I_0}$	$\overline{Y_2}$	$\overline{Y_1}$	$\overline{Y_0}$	$\overline{Y_S}$	$\overline{Y_{EX}}$
1	×	×	×	×	×	×	×	×	1	1	1	1	1
0	0	×	×	×	×	×	×	×	0	0	0	1	0
0	1	0	×	×	×	×	×	×	0	0	1	1	0
0	1	1	0	×	×	×	×	×	0	1	0	1	0

表 10-9(续)

输　入									输　出				
$\overline{S}$	$\overline{I_7}$	$\overline{I_6}$	$\overline{I_5}$	$\overline{I_4}$	$\overline{I_3}$	$\overline{I_2}$	$\overline{I_1}$	$\overline{I_0}$	$\overline{Y_2}$	$\overline{Y_1}$	$\overline{Y_0}$	$\overline{Y_S}$	$\overline{Y_{EX}}$
0	1	1	1	0	×	×	×	×	0	1	1	1	0
0	1	1	1	1	0	×	×	×	1	0	0	1	0
0	1	1	1	1	1	0	×	×	1	0	1	1	0
0	1	1	1	1	1	1	0	×	1	1	0	1	0
0	1	1	1	1	1	1	1	0	1	1	1	1	0
0	1	1	1	1	1	1	1	1	1	1	1	0	1

74LS148 优先级编码器的 VHDL 语言描述的程序如程序 10-20。

【程序 10-20】

```
library ieee;
use ieee. std_logic_1164. all;
entity priorityencoder is
port(i:in std_logic_vector(7 downto 0);
     s:in std_logic;
     y:out std_logic_vector(2 downto 0);
     ys,yex:out std_logic);
end priorityencoder;
architecture rtl of priorityencoder is
begin
  process(i,s)
    if(s='1') then
        y<="111";
        yex<='1';
        ys<='1';
    elsif(i="11111111" and s='0') then
        y<="111";
        yex<='1';
        ys<='0';
    elsif(i(7)='0' and s='0') then
        y<="000";
        yex<='0';
        ys<='0';
    elsif(i(6)='0' and s='0') then
        y<="001";
        yex<='0';
        ys<='1';
    elsif(i(5)='0' and s='0') then
        y<="010";
```

```
        yex<='0';
        ys<='1';
    elsif(i(4)='0' and s='0') then
        y<="011";
        yex<='0';
        ys<='1';
    elsif(i(3)='0' and s='0') then
        y<="100";
        yex<='0';
        ys<='1';
    elsif(i(2)='0' and s='0') then
        y<="101";
        yex<='0';
        ys<='1';
    elsif(i(1)='0' and s='0') then
        y<="110";
        yex<='0';
ys<='1';
    elsif(i(0)='0' and s='0') then
        y<="111";
        yex<='0';
        ys<='1';
    end if;
  end process;
end rtl;
```

程序 10-20 采用的是 if 语句,因为 VHDL 语言目前还不能描述任意项,即下面的语句形式是非法的:

$$\text{when "0xxxxxxx"} => q <= "000";$$

所以不能用 case 语句来进行描述。

10.1.4 译码器设计

一般来说,译码器的输入为 n 位二进制代码,输出为 2^n 个表征代码原意的状态信号,即输出信号的 2^n 位中有且只有一位有效。

10.1.4.1 变量译码器

常用的变量译码器是 74LS138,它对三个输入信号进行译码以确定八个输出端口的输出,所以又称为 3 线－8 线译码器。

74LS138 译码器的真值表如表 10-10 所示,三个附加控制端 G_1、G_{2A} 和 G_{2B}。当 $G_1=1$、$G_{2A}+G_{2B}=0$ 时,译码器将处在译码工作状态;否则译码器将被禁止,所有的输出端将被封锁在高电平。

表 10-10　74LS138 译码器的真值表

G_1	G_{2A}	G_{2B}	C	B	A	Y_0	Y_1	Y_2	Y_3	Y_4	Y_5	Y_6	Y_7
X	1	X	X	X	X	1	1	1	1	1	1	1	1
X	X	1	X	X	X	1	1	1	1	1	1	1	1
0	X	X	X	X	X	1	1	1	1	1	1	1	1
1	0	0	0	0	0	0	1	1	1	1	1	1	1
1	0	0	0	0	1	1	0	1	1	1	1	1	1
1	0	0	0	1	0	1	1	0	1	1	1	1	1
1	0	0	0	1	1	1	1	1	0	1	1	1	1
1	0	0	1	0	0	1	1	1	1	0	1	1	1
1	0	0	1	0	1	1	1	1	1	1	0	1	1
1	0	0	1	1	0	1	1	1	1	1	1	0	1
1	0	0	1	1	1	1	1	1	1	1	1	1	0

74LS138 译码器的 VHDL 语言描述程序如程序 10-21。

【程序 10-21】

```
library ieee；
use ieee. std_logic_1164. all；
entity decoder38 is
    port(g1,g2a,g2b：in std_logic；
        a,b,c：in std_logic；
        y：out std_logic_vector(7 downto 0))；
end decoder38；
architecture rtl of decoder38 is
signal comb：std_logic_vector(2 downto 0)；
begin
    comb<=c&b&a；
    process(g1,g2a,g2b,comb)
    begin
        if(g1='1' and g2a='0' and g2b='0') then
        case comb is
            when "000" =>y<= "11111110"；
            when "001" =>y<= "11111101"；
            when "010" =>y<= "11111011"；
            when "011" =>y<= "11110111"；
            when "100" =>y<= "11101111"；
            when "101" =>y<= "11011111"；
            when "110" =>y<= "10111111"；
            when "111" =>y<= "01111111"；
            when others=>y<= "XXXXXXXX"；
        end case；
```

```
        else
        y<= "11111111";
        end if;
    end process;
    end rtl;
```

10.1.4.2 LED 七段译码器

LED 七段译码器来控制一个七段数码管,通过数码管将数字量直观地显示出来,一方面可直接读取处理结果,另一方面用以监视数字系统的工作情况。

常用的 LED 七段译码器是 4 线－7 段译码器 74LS247,它的输入为 8421BCD 码 $A_3A_2A_1A_0$,输出为 Y_a、Y_b、Y_c、Y_d、Y_e、Y_f、Y_g,输出分别控制 7 段显示器的 7 个光段,即输出为 0 时,对应字段点亮;输出为 1 时,对应字段熄灭。74LS247 的真值表如表 10-11 所示。

表 10-11　74LS247 译码器的真值表

输　入				输　出							字　形
A_3	A_2	A_1	A_0	$\overline{Y}_a$	$\overline{Y}_b$	$\overline{Y}_c$	$\overline{Y}_d$	$\overline{Y}_e$	$\overline{Y}_f$	$\overline{Y}_g$	
0	0	0	0	0	0	0	0	0	0	1	0
0	0	0	1	1	0	0	1	1	1	1	1
0	0	1	0	0	0	1	0	0	1	0	2
0	0	1	1	0	0	0	0	1	1	0	3
0	1	0	0	1	0	0	1	1	0	0	4
0	1	0	1	0	1	0	0	1	0	0	5
0	1	1	0	0	1	0	0	0	0	0	6
0	1	1	1	0	0	0	1	1	1	1	7
1	0	0	0	0	0	0	0	0	0	0	8
1	0	0	1	0	0	0	0	1	0	0	9

74LS247 的 VHDL 语言描述的程序如程序 10-22。

【程序 10-22】

```
library ieee;
use ieee. std_logic_1164. all;
entity decoder is
    port(a: in std_logic_vector(3 downto 0);
        y:out std_logic_vector(6 downto 0));
end decoder;
architecture rtl of decoder is
begin
    process(a)
    begin
        case a is
            when "0000" >=y<= "1000000";
            when "0001" >=y<= "1111001";
```

```
        when "0010" >=y<= "0100100";
        when "0011" >=y<= "0110000";
        when "0100" >=y<= "0011100";
        when "0101" >=y<= "0010010";
        when "0110" >=y<= "0000011";
        when "0111" >=y<= "1111000";
        when "1000" >=y<= "0010000";
        when "1001" >=y<= "0011000";
        when "1010" >=y<= "0100111";
        when "1011" >=y<= "0110011";
        when "1100" >=y<= "0011101";
        when "1101" >=y<= "0010110";
        when "1110" >=y<= "0000111";
        when "1111" >=y<= "1111111";
      end case;
    end process;
  end rtl;
```

10.1.5　多路选择器设计

多路选择器是根据输入的选择信号将多路输入信号中的一个信号送到输出端,也就是说,每一时刻将有多路信号输入到选择器,在这一时刻只有其中一个信号被送到输出端,这一个信号的选择则是通过信号选择输出来决定的。

图 10-8　4 选 1 多路选择器逻辑电路

多路选择器中最常见的是 4 选 1 多路选择器,它有 4 个输入信号。4 选 1 多路选择器的逻辑电路图如图 10-8 所示,真值表如表 10-12 所示。

表 10-12　4 选 1 多路选择器的真值表

输　入		输　出
A_1	A_2	Y
0	0	D_0
0	1	D_1
1	0	D_2
1	1	D_3

4 选 1 多路选择器的 VHDL 语言描述如程序 10-23(采用 IF-ELSE 语句)、10-24(采用 CASE 语句)、10-25(SELECT 语句)、10-26(采用 WHEN-ELSE 语句)。

【程序 10-23】

```
library ieee;
use ieee. std_logic_1164. all;
entity mux is
port(d_0 ,d_1 ,d_2 ,d_3 :in std_logic;
```

```
        s₁ ,s₂ :in std_logic;
        y:out std_logic);
end mux;
architecture rtl1 of mux is
signal s:std_logic_vector(1 downto 0);
begin
   process(d₀ ,d₁ ,d₂ ,d₃ )
   begin
       s<=s₁ &·s₀ ;
       if (s="00") then
          y<=d₀ ;
       elsif (s="01") then
          y<=d₁ ;
       elsif (s="10") then
          y<=d₂ ;
       else
          y<=d₃ ;
       end if;
   end process;
end rtl1;
```

【程序 10-24】

```
library ieee;
use ieee. std_logic_1164. all;
entity mux is
port(d₀ ,d₁ ,d₂ ,d₃ :in std_logic;
     s₁ ,s₂ :in std_logic;
     y:out std_logic);
end mux;
architecture rtl2 of mux is
signal s:std_logic_vector(1 downto 0);
begin
   process(d₀ ,d₁ ,d₂ ,d₃ )
   begin
       s<=s₁ &·s₀ ;
       case s is
           when "00" >= y<=d₀ ;
           when "01" >= y<=d₁ ;
           when "10" >= y<=d₂ ;
           when "11" >= y<=d₃ ;
       end case;
   end process;
end rtl2;
```

【程序 10-25】

```
library ieee;
use ieee. std_logic_1164. all;
entity mux is
port(d0 ,d1 ,d2 ,d3 :in std_logic;
       s1 ,s2 :in std_logic;
       y:out std_logic);
end mux;
architecture rtl3 of mux is
signal s:std_logic_vector(1 downto 0);
begin
    process(d0 ,d1 ,d2 ,d3 )
    begin
        s<=s1 & s0 ;
        with s select
            y<=d0  when "00";
            y<=d1  when "01";
            y<=d2  when "10";
            y<=d3  when "11";
    end process;
end rtl3;
```

【程序 10-26】

```
library ieee;
use ieee. std_logic_1164. all;
entity mux is
port(d0 ,d1 ,d2 ,d3 :in std_logic;
       s1 ,s2 :in std_logic;
       y:out std_logic);
end mux;
architecture rtl4 of mux is
signal s:std_logic_vector(1 downto 0);
begin
    process(d0 ,d1 ,d2 ,d3 )
    begin
        s<=s1 & s0 ;
        y<=d0  when (s:"00") else;
            d1  when (s:"01") else;
            d2  when (s:"10") else;
            d3  ;
end process;
end rtl4;
```

10.1.6　比较器设计

常见的比较器是四位比较器,将两个输入信号比较的各种情况送到输出端上,其真值表如表 10-13 所示。

表 10-13　四位比较器的真值表

a 和 b 的比较	q_0	q_1	q_2
$a=b$	1	0	0
$a>b$	0	1	0
$a<b$	0	0	1

四位比较器的 VHDL 语言描述程序如程序 10-27。

【程序 10-27】

```
library ieee;
use ieee. std_logic_1164. all;
entity comp4 is
    port(a,b:in std_logic;
        q:out std_logic_vector(2 downto 0));
end comp4;
architecture rtl of comp4 is
begin
    process(a,b)
    begin
        if (a=b) then
            q<="001";
        elsif (a>b) then
            q<="010";
        else
            q<="100";
        end if;
    end process;
end rtl;
```

10.1.7　运算电路设计

运算电路是计算机系统的核心部件之一,基本运算包括了加、减、乘、除。对于乘法和除法,不管是十进制还是二进制,乘法都被分解为一系列的加法,而除法被分解为一系列的减法。例如,一个乘法器可以由一个 N 位加法器和一个移位寄存器实现。因此,用 VHDL 设计运算电路基本的就是学会设计加法器和减法器。

10.1.7.1　加法器的设计

加法器有半加器和全加器两种,利用两个半加器可以构成一个全加器。

(1)半加器的设计

半加器的真值表如表 10-14 所示。

表 10-14　半加器的真值表

输入		输出	
a	b	s	c
0	0	0	0
0	1	1	0
1	0	1	0
1	1	0	1

　　根据上面的真值表可以得到半加器的逻辑表达式：

$$s＝a \ xor \ b$$

$$c＝a \ and \ b$$

　　半加器的 VHDL 语言描述程序如程序 10-28（行为描述法）和程序 10-29（数据流描述法）。

【程序 10-28】

```
library ieee；
use ieee. std_logic_1164. all；
use ieee. std_logic_unsigned. all；
entity half_adder is
    port(a,b:in std_logic;
        s,c:out std_logic)；
end half_adder；
architecture rtl1 of half_adder is
begin
    c＜＝a and b；
    s＜＝a xor b；
end rtl1；
```

【程序 10-29】

```
library ieee；
use ieee. std_logic_1164. all；
entity half_adder is
    port(a,b:in std_logic;
        s,c:out std_logic)；
end half_adder；
architecture rtl2 of half_adder is
signal comb:std_logic_vector(1 downto 0)；
begin
    process(a,b)
    begin
    comb＜＝a&b；
        case comb is
            if（comb＝"00"）then
```

```
        s<='0';
        c<='0';
    elsif (comb="01") then
        s<='1';
        c<='0';
    elsif (comb="10") then
        s<='1';
        c<='0';
    else
        s<='0';
        c<='1';
    end if;
  end process;
end rtl2;
```

（2）全加器设计

全加器可以由两个半加器和一个或门组成，其逻辑电路图如图 10-9 所示。

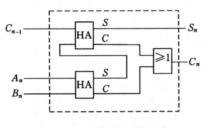

图 10-9　全加器逻辑电路

全加器的 VHDL 语言描述程序如程序 10-30，利用元件例化语句实现。

【程序 10-30】

```
library ieee;
use ieee. std_logic_1164. all;
use ieee. std_logic_unsigned. all;
entity half_adder is
    port(a,b:in std_logic;
        s,c:out std_logic);
end half_adder;
architecture rtl1 of half_adder is
begin
    c<=a and b;
    s<=a xor b;
end rtl1;
library ieee;
use ieee. std_logic_1164. all;
use ieee. std_logic_unsigned. all;
entity full_adder is
```

```
        port(An,Bn,Cn-1:in std_logic;
            Sn,Cn:out std_logic);
    end full_adder;
    architecute rtl of full_adder is
        component half_adder
            port(a,b:in std_logic;
                s,c:out std_logic);
        end component;
        signal s₁,c₁,c₂:std_logic;
    begin
        u1:half_adder port map(Cn-1,s1,c1,Sn);
        u2:half_adder port map(An,Bn,s1,c2);
        Cn<=c₁ or c₂;
    end rtl;
```

10.1.7.2　减法器的设计

减法器有半减器和全减器两种,利用两个半减器可以构成一个全减器。

(1) 半减器的设计

半减器的真值表如表 10-15 所示。

表 10-15　半减器的真值表

输 入		输 出	
a	b	$diff$	sub
0	0	0	0
0	1	1	1
1	0	1	0
1	1	0	0

根据上面的真值表可以得到半加器的逻辑表达式:

$$diff = a \text{ xor } b$$
$$sub = \text{not } a \text{ and } b$$

半减器的 VHDL 语言描述程序可以仿照半加器自行编写。

(2) 全减器

全减器可以由两个半减器和一个或门组成,其逻辑电路和 VHDL 语言描述程序可以仿照全加器自行设计和编写。

10.1.7.3　多位加法器设计

多位加法器的构成有两种:并行进位和串行进位。并行进位加法器设有进位产生逻辑,运算速度快;串行进位方式是将全加器级联构成多位加法器。这里以 4 位二进制并行加法器为例讲述多位加法器的 VHDL 设计。

设 C4 表示低位来的进位;M4 表示 4 位加数;N4 表示 4 位被加数;SUM4 表示 4 位和;CO4 表示进位输出。其 VHDL 语言描述程序如程序 10-31。

【程序 10-31】

```
library ieee;
use ieee. std_logic_1164. all;
use ieee. std_logic_unsigned. all;
entity adder4b is
    port(C4:in std_logic;
         M4,N4:in std_logic_vector(3 downto 0);
         SUM4:out std_logic_vector(3 downto 0);
         CO4:out std_logic);
end adder4b;
architecture rtl of adder4b is
signal SUM5:std_logic_vector(4 downto 0);
signal M5,N5:std_logic_vector(4 downto 0);
begin
    M5<='0' &M4;
    N5<='0' &N4;
    SUM5<=M5+N5+C4;
    SUM4<=SUM5(3 downto 0);
    CO4<=SUM5(4);
end rtl;
```

10.2　时序逻辑电路设计

由数字电路可知,任何时序电路都以时钟为驱动信号,时序电路只是在时钟信号的边沿到来时,其状态才发生改变。因此,时钟信号是时序电路程序的执行条件,时钟信号是时序电路的同步信号。另外由于时序逻辑电路有存储功能,因此它具有初始状态,为了使时序电路正常工作,需要用复位信号使电路状态回归到一个确定的状态。

10.2.1　时钟描述

时钟信号在时序逻辑电路中有着重要的作用,它将驱动时序逻辑电路状态的转移,根据时钟信号可以区分时序电路的原来状态和当前状态。

10.2.1.1　时钟边沿的描述

时钟信号的边沿分上升沿和下降沿,有的时序逻辑电路是用时钟的上升沿来驱动,有的时序逻辑电路是用时钟的下降沿来驱动。在 VHDL 语言中,可以用信号的属性函数 signal′event 和 signal′last_value 来描述时钟信号的上升沿和下降沿。

（1）时钟的上升沿描述

时钟信号的上升沿是指时钟信号的值从"0"电平变化到"1"电平的过程,这个过程在理论上是瞬时的,但是在实际电路中将由时钟频率和器件特性决定。时钟信号 clk 的初始值是"0",用信号的属性函数′last_value 表示为 clk′last_value＝′0′。当时钟信号 clk 从 0 电平跳变到 1 时(上升沿到),该事件由信号的属性函数′event 表示为 clk′event。当时钟信号 clk 从 0 电平跳变到 1 的过程结束时,时钟信号的当前值为"1",它可以用逻辑关系表示为 clk

＝'1'。当上述三个条件都成立时,说明在时钟信号上出现了上升沿,综合表示:

　　　clk＝'1' and clk'last_value＝'0' and clk'enent;

　　在实际工作中,由于时钟信号是明确给出的,不会出现'X'不定这样的情况,它只有两种可能,要么是 0 电平,要么是 1 电平,所以实际程序中用 clk＝'1'和 clk'event 相与就可以描述时钟的上升沿了。

　　(2) 时钟的下降沿描述

　　时钟信号的下降沿是指时钟信号的值从"1"电平变化到"0"电平的过程,这个过程在理论上是瞬时的,但是在实际电路中将由时钟频率和器件特性决定。时钟信号 clk 的初始值是"1",用信号的属性函数'last_value 表示为 clk'last_value＝'1'。当时钟信号 clk 从 1 电平跳变到 0 时(下降沿到),该事件由信号的属性函数'event 表示为 clk'event。当时钟信号 clk 从 1 电平跳变到 0 的过程结束时,时钟信号的当前值为"0",它可以用逻辑关系表示为 clk ＝'0'。当上述三个条件都成立时,说明在时钟信号上出现了上升沿,综合表示:

　　　clk＝'0' and clk'last_value＝'1' and clk'enent;

　　同样在实际工作中,只要把 clk＝'0'和 clk'event 相与就可以描述时钟的下降沿了。

10.2.1.2　时钟作为敏感信号

　　无论什么功能的时序逻辑电路,在用 VHDL 语言描述时一般都是以时钟信号作为进程的敏感信号来设计的。在程序设计中,时钟信号作为进程的敏感信号有显式表示和隐式表示两种方法。

　　(1) 显式表示时钟敏感信号

　　显式表示时钟敏感信号是指时钟信号显式地出现在进程语句 process 后面的敏感信号列表中,例如(clock_signal)。当时钟信号出现变化,也即时钟信号的上升沿或下降沿到来将作为进程启动的条件,其 VHDL 语言描述程序如程序 10-32。

【程序 10-32】

```
library ieee;
use ieee. std_logic_1164. all;
entity clock_inst is
……
end clock_inst;
……
process(clock_signal)
begin
if(clock_signal＝'1') then
其他处理语句;
end if;
end process;
```

　　在程序 10-32 中,在 if 语句中只采用了 clock_signal＝'1'这个条件而没有采用 clock_signal'event 属性描述语句,这是因为 clock_signal 已经是进程的敏感信号了,当进程启动时 clock_signal 必定发生了变化,也就相当于采用了属性语句 clock_signal'event,所以此处可以省略。

　　(2) 隐式表示时钟敏感信号

隐式表示时钟敏感信号是指描述时序逻辑电路的进程语句 process 后面的敏感信号列表中没有时钟信号,而是用 wait 语句来控制进程的执行,也即进程通常停留在 wait 语句上,该语句是进程的同步点,只有当时钟信号发生变化并且满足时钟边沿条件时进程才能被触发、启动,其 VHDL 语言描述程序如程序 10-33。

【程序 10-33】

```
library ieee;
use ieee. std_logic_1164. all;
entity clock_inst is
……
end clock_inst;
……
process(clock_signal)
begin
    wait on (clock_signal) until (clock_signal='0');
……
其他处理语句;
……
end process;
```

程序 10-33 表示进程在时钟下降沿触发,在 wait on 语句后面是触发信号 clock_signal,在 wait until 语句后面是触发信号需要满足的条件。由于此处是下降沿触发,所以 clock_signal='0',当条件成立时,也即说明出现了时钟信号的下降沿,语句进程被启动,其他处理语句才被执行。

10.2.2 复位描述

复位信号也是时序电路的重要全局信号,时序逻辑电路的初始状态是由复位信号来触发设置的,根据复位信号对时序逻辑电路的复位方式的不同,又分为同步复位方式和异步复位方式。

10.2.2.1 同步复位

所谓同步复位,就是当复位信号有效且在给定的时钟边沿到来时,时序电路被复位。

在 VHDL 语言描述时,同步复位一定在以时钟为敏感信号的进程中定义,且用 if 语句来描述必要的复位条件,其程序如 10-34 和 10-35。

【程序 10-34】

```
process(clock_signal)
begin
if (clock_edge_condition) then
    if (reset_condition) then
        signal_out<=reset_value;
    else
        signal_out<=signal_in
……
其他时序语句
……
```

```
        end if；
    end if；
end process；
```

【程序 10-35】

```
process
begin
    wait on (clock_signal) until (clock_edge_condition)
        if (reset condition) then
            signal_out<=reset_value；
        else
            signal_out<=signal_in；
……
    其他时序语句；
……
    end if；
end process；
```

10.2.2.2　异步复位

异步复位是指一旦复位信号有效,时序电路即被复位。与同步复位相比较,其描述方式有以下要点:

① 作为进程的敏感信号,除时钟信号外,还应加上复位信号 reset；

② 利用 if 语句描述复位条件；

③ 利用 elsif 段来描述的时钟信号的边沿条件。

异步复位的 VHDL 语言描述程序如程序 10-36。

【程序 10-36】

```
process(reset_signal,clock_signal)
begin
if (reset_condition) then
    signal_out<=reset_value；
elsif (clock_event and clock_edge_conditong) then
    signal_out<=signal_in；
……
其他时序语句；
……
end if；
end process；
```

从程序 10-36 看到,异步复位描述时,信号和变量的代入和赋值必须在时钟信号边沿有效范围内进行,即在 elsif 段中描述。另外,也要防止没有时钟事件发生时却进行操作。

10.2.3　触发器设计

触发器是在时钟的沿(上升沿和下降沿)进行数据锁存的,所以触发器的输出端在每一个时钟沿都会被更新。

10.2.3.1　D 触发器

（1）基本 D 触发器

基本 D 触发器只有在时钟上升沿到来时，输入端的数据才传到输出端。其真值表如表 10-16 所示。

表 10-16　基本 D 触发器的真值表

D	CP	Q	/Q
X	0	保持	保持
X	1	保持	保持
0	上升沿	0	1
1	上升沿	1	0

基本 D 触发器的 VHDL 语言的描述程序如程序 10-37、10-38 和 10-39。

【程序 10-37】

```
library ieee;
use ieee. std_logic_1164. all;
entity dff is
    port(d,clk:in std_logic;
        q,qb:out std_logic);
end dff;
architecture rtl1 of dff is
begin
    process(clk)
    begin
        if (clk'event and clk='1') then
            q<=d;
            qb<=not d;
        end if;
    end process;
end rtl1;
```

【程序 10-38】

```
library ieee;
use ieee. std_logic_1164. all;
entity dff is
    port(d,clk:in std_logic;
        q,qb:out std_logic);
end dff;
architecture rtl2 of dff is
begin
    process
    begin
```

```
        wait until clk='1';
            q<=d;
            qb<=not d;
        end process;
    end rtl2;
```

【程序 10-39】

```
library ieee;
use ieee. std_logic_1164. all;
entity dff is
    port(d,clk:in std_logic;
        q,qb:out std_logic);
end dff;
architecture rtl3 of dff is
begin
    process(clk)
    begin
        if ( rising_edge(clk)) then
            q<=d;
            qb<=not d;
        end if;
    end process;
end rtl3;
```

（2）带复位的 D 触发器

带复位的 D 触发器的真值表如表 10-17 所示。

表 10-17　带复位的 D 触发器的真值表

R	D	CP	Q	$/Q$
0	X	X	0	1
1	X	0	保持	保持
1	X	1	保持	保持
1	0	上升沿	0	1
1	1	上升沿	1	0

带复位的 D 触发器的 VHDL 语言描述的程序如程序 10-40 和 10-41。

【程序 10-40】

```
library ieee;
use ieee. std_logic_1164. all;
entity async_rdff is
    port(d,clk:in std_logic;
        reset:in std_logic;
        q,qb:out std_logic);
end async_rdff;
```

```
architecture rtl of async_rdff is
begin
    process(clk,reset)
    begin
        if (reset='0') then
            q<='0';
            qb<='1';
        elsif (clk'event and clk='1') then
            q<=d;
            qb<=not d;
        end if;
    end process;
end rtl;
```

【程序 10-41】

```
library ieee;
use ieee. std_logic_1164. all;
entity sync_rdff is
    port(d,clk:in std_logic;
        reset:in std_logic;
        q,qb:out std_logic);
end async_rdff;
architecture rtl of sync_rdff is
begin
process(clk)
begin
    if (clk'event and clk='1') then
        if (reset='0') then
            q<='0';
            qb<='1';
        else
            q<=d;
            qb<=not d;
        end if;
    end if;
end process;
end rtl;
```

程序 10-40 是异步复位的上升沿 D 触发器的 VHDL 语言描述程序,可以看到只要复位端的信号 reset 有效,就立即进行复位操作;程序 10-41 是同步复位的上升沿 D 触发器的 VHDL 语言描述程序,可以看到在复位端的信号 reset 有效后,只要时钟的上升沿到来时,就进行复位操作。

10.2.3.2 JK 触发器

(1) 基本 JK 触发器

基本 *JK* 触发器的真值表如表 10-18 所示。

表 10-18　基本 *JK* 触发器的真值表

J	*K*	*Q*（初态）	*QB*（次态）
0	0	0	0
0	0	1	1
0	1	0	0
0	1	1	0
1	0	0	1
1	0	1	1
1	1	0	1
1	1	1	0

基本的 *JK* 触发器的 VHDL 语言描述的程序如程序 10-42。

【程序 10-42】

```
library ieee;
use ieee. std_logic_1164. all;
entity jkcfq is
    port(j,k,clk:in std_logic;
        q,qb:buffer std_logic);
end jkcfq;
architecture rtl of jkcfq is
signal qs,qbs:std_logic;
begin
    process(clk,j,k)
    begin
        if (clk'event and clk='1') then
            if (j='0' and k='1') then
                qs<='0';
                qbs<='1';
            elsif (j='1' and k='0') then
                qs<='1';
                qbs<='0';
            elsif (j='1' and k='1') then
                qs<=not qs;
                qbs<=not qbs;
            end if;
        end if;
        q<=qs;
        qb<=qbs;
    end process;
```

end rtl；

（2）带异步置位/复位的 JK 触发器

带异步置位/复位的 JK 触发器的真值表如表 10-19 所示。

表 10-19 带异步置位/复位的 JK 触发器的真值表

S	R	CP	J	K	Q	$/Q$
0	1	X	X	X	0	1
1	0	X	X	X	1	0
0	0	X	X	X	不使用	不使用
1	1	上升沿	0	0	保持	保持
1	1	上升沿	0	1	0	1
1	1	上升沿	1	0	1	0
1	1	上升沿	1	1	翻转	翻转
1	1	0	X	X	保持	保持

带异步置位/复位的 JK 触发器的 VHDL 语言描述的程序如程序 10-43。

【程序 10-43】

```
library ieee；
use ieee. std_logic_1164. all；
entity jkff is
    port(j,k:in std_logic；
        clk:in std_logic；
        set,reset:in std_logic；
        q,qb:out std_logic)；
end jkff；
architecture rtl of jkff is
signal qtemp,qbtemp:std_logic；
begin
    process(clk,set,reset)
    begin
        if (set='0' and reset='1') then
            qtemp<='1'；
            qbtemp<='0'；
        elsif (set='1' and reset='0') then
            qtemp<='0'；
            qbtemp<='1'；
        elsif (clk'event and clk='1') then
            if (j='0' and k='1') then
                qtemp<='0'；
                qbtemp<='1'；
            elsif (j='0' and k='1') then
```

```
        qtemp<='1';
        qbtemp<='0';
    elsif (j='1' and k='1') then
        qtemp<=not qtemp;
        qbtemp<=not qbtemp;
    end if;
end if;
q<=not qtemp;
qb<=not qbtemp;
end process;
end rtl;
```

10.2.3.3　T 触发器

T 触发器的真值表如表 10-20 所示。

表 10-20　T 触发器的真值表

T	CP	Q	/Q
0	X	保持	保持
0	上升沿	保持	保持
1	X	保持	保持
1	上升沿	翻转	翻转

T 触发器的 VHDL 语言的描述程序如程序 10-44。

【程序 10-44】

```
library ieee;
use ieee. std_logic_1164. all;
entity tff is
    port(t:in std_logic;
        clk:in std_logic;
        q,qb:out std_logic);
end tff;
architecture rtl of tff is
signal qtemp,qbtemp:std_logic;
begin
    process(clk)
    begin
        if (clk'event and clk='1') then
            if (t='1') then
                qtemp<=not q_temp;
                qbtemp<=not qbtemp;
            else
                qtemp<=qtemp;
                qbtemp<=qbtemp;
```

```
        end if;
        end if;
        q<=qtemp;
        qb<=qbtemp;
    end process;
  end rtl;
```

10.2.3.4 RS 触发器

RS 触发器是以输入信号值作为触发的,其真值表如表 10-21 所示。

表 10-21 RS 触发器的真值表

R	S	Q	/Q
0	0	保持	保持
0	1	0	1
1	0	1	0
1	1	不定	不定

RS 触发器的 VHDL 语言的描述程序如程序 10-45。

【程序 10-45】

```
library ieee;
use ieee. std_logic_1164. all;
entity rsff is
    port(s,r;in std_logic;
         q,qb:out std_loigc);
end rsff;
architecture rtl of rsff is
signal qtemp,qbtemp:std_logic;
begin
    qtemp<=r nor qbtemp;
    qbtemp<=s nor qtemp;
    q<=qtemp;
    qb<=qbtemp;
end rtl;
```

10.2.4 锁存器

锁存器和触发器都是数字电路存储的基本单元,是构成顺序电路的基本模块。一个锁存器可以存储一位二值信息。锁存器和触发器存在一些区别:对于锁存器,只要它的使能信号被声明后,当它的输入信号发生改变,则它的输出信号也发生改变;对于触发器,它的输出只在使能的上升沿或下降沿发生改变,即在使能信号的上升沿或下降沿之后,输出信号将保持为 1 或者 0,此时即使输入信号发生改变,触发器的输出也保持为常数。

锁存器一般分为三种基本类型:电平锁存器、同步锁存器和异步锁存器。

10.2.4.1 电平锁存器

电平锁存器一般用于多时钟电路,如微处理器芯片中,它常常用来选择锁存多路数据的输入,单输入的电平锁存器的 VHDL 语言描述的程序如程序 10-46。

【程序 10-46】

```
library ieee;
use ieee. std_logic_1164. all;
entity single_latch is
    port(reset,datain,lock:in std_logic;
        dataout:out std_logic);
end single_latch;
architecture rtl of single_latch is
begin
single_latch_inst:process(reset,datain,lock)
begin
    if (reset='1') then
        dataout<='0';
    elsif (lock='1') then
        dataout<=datain;
    end if;
  end process;
end rtl;
```

从在程序 10-46 中可以看出,该单输入电平锁存器不存在时钟信号,其复位信号 reset 是最高优先级的信号。当复位信号为高电平有效时,锁存器被立即复位,锁存器的输出为低电平;当复位信号为低电平无效时,如果锁存器的锁存控制信号 lock 是高电平,则输出信号 dataout 将输出 datain,锁存器实现锁存功能,当锁存控制信号 lock 为低电平时,锁存器不管输入信号的状态,其输出信号不变。

多输入电平锁存器的 VHDL 语言描述的程序如程序 10-47。

【程序 10-47】

```
library ieee;
use ieee. std_logic_1164. all;
entity multi_latch is
    port(reset:in std_logic;
        datain1,datain2,datain3:in std_logic;
        lock1,lock2,lock3:in std_logic;
        dataout:out std_logic);
end multi_latch;
architecuture rtl1 of multi_latch is
begin
  process(reset,datain1,datain2,datain3,lock1,lock2,lock3)
  begin
    if (reset='1') then
        dataout<='0';
    elsif (lock1='1') then
        dataout<=datain1;
```

```
            elsif (lock2='1') then
                dataout<=datain2;
            elsif (lock3='1') then
                dataout<=datain3;
            end if;
        end process;
    end rtl1;
```

10.2.4.2 同步锁存器

同步锁存器是指该锁存器的复位、加载信号和时序电路的时钟信号同步,复位信号的优先级最高,在一般的数字逻辑电路的设计中,都采用完全同步的锁存器,这样可以避免电路系统的时序错误。同步锁存器的 VHDL 语言描述的程序如程序 10-48。

【程序 10-48】

```
library ieee;
use ieee. std_logic_1164. all;
entity synch_latch is
    port(reset,clk,datain,lock:in std_logic;
        dataout:out std_logic);
end synch_latch;
architecture rtl2 of synch_latch is
begin
    process (clk)
    begin
        if (clk'event and clk='1') then
            if (reset='1') then
                dataout<='0';
            elsif (lock='1') then
                dataout<=datain;
            end if;
        end if;
    end process;
    end rtl2;
```

从程序 10-48 可以看出,该单输入的同步锁存器是在时钟的上升沿的驱动下工作的,当时钟信号上升沿到来时触发、启动进程。如果此时复位信号是高电平,锁存器被复位,锁存器的输出为低电平;如果此时复位信号是低电平并且所锁存器控制信号是高电平,则输出信号 dataout 将输出 datain;如果复位信号是低电平但锁存控制信号是低电平,则锁存器输出将保持不变,实现锁存功能。

10.2.4.3 异步锁存器

异步锁存器是指该锁存器的复位和加载信号都和时序电路的时钟信号不同步,只要该锁存器的复位信号和加载信号到来就立即执行复位和加载操作而不管此时时钟信号的状态。异步锁存器的 VHDL 语言描述的程序如程序 10-49。

【程序 10-49】

```
library ieee;
use ieee. std_logic_1164. all；
entity asynch_latch is
    port(reset,clk,datain,lock;in std_logic;
        dataout;out std_logic)；
end asynch_latch；
architecture rtl3 of asynch_latch is
begin
    process (clk,reset,datain,lock)
    begin
        if (reset='1') then
            dataout<='0'；
        elsif (clk'event and clk='1') then
            if (lock='1') then
                dataout<=datain；
            end if；
        end if；
    end process；
end rtl3；
```

从程序 10-49 可以看出,该单输入的异步锁存器是复位信号到来时立即复位,锁存器的输出为低电平,当锁存器的时钟信号的上升沿到来时,如果此时锁存器控制信号是高电平,则输出信号 dataout 将输出 datain,否则锁存器输出保持不变。

10.2.5　寄存器设计

寄存器是数字电路中的基本模块,许多复杂时序逻辑电路都是由它们构成的。在数字系统中,能够用来存储一组二进制代码的同步时序逻辑电路称为寄存器。寄存器和锁存器的功能是完全一样的,但是寄存器是同步时钟控制,而锁存器是电平信号控制。如果数据有效一定滞后于控制信号有效,则只能使用锁存器;如果数据信号提前于控制信号到达并且要求同步操作,则可以使用寄存器来存放数据。

寄存器的真值表如表 10-22 所示。

表 10-22　寄存器的真值表

OE	CP	D	Q
0	上升沿	0	0
0	上升沿	1	0
0	0	X	保持
1	X	X	保持

寄存器的 VHDL 语言描述的程序如程序 10-50。

【程序 10-50】

```
library ieee;
use ieee. std_logic_1164. all;
entity dff_exa is
    port(clk,d,oe:in std_logic;
         q:out std_logic);
end dff_exa;
architecture rtl of dff_exa is
signal q_temp:std_logic;
begin
    process (clk,oe)
    begin
      if (oe='0') then
          if (clk'event and clk='1') then
              q_tmep<=d;
          end if;
      else
          q_temp<='Z';
      end if;
      q<=q_temp;
    end process;
end rtl;
```

10.2.6 移位寄存器

在数字电路中,移位寄存器是指除了具有存储二进制数据的功能外,同时还具有移位功能的触发器组。移位功能是指寄存器里面存储二进制数据能够在时钟信号的控制下依次左移或者右移。

在数字电路中,串入/串出移位寄存器是指具有一个数据输入端口、一个同步时钟输入端口和一个数据输出端口的移位寄存器。对于这种移位寄存器来说,功能主要是体现在输入数据将在时钟边沿的触发下逐级向后移动,然后从输出端口串行输出。

4 位串入/串出移位寄存器的逻辑电路如图 10-10 所示。

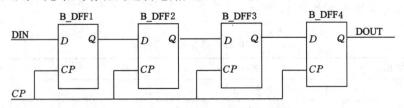

图 10-10　4 位串入/串出移位寄存器的逻辑电路

4 位串入/串出移位寄存器的 VHDL 语言描述的程序如程序 10-51。

【程序 10-51】

```
library ieee;
use ieee. std_logic_1164. all;
```

```
entity shiftreg4 is
    port(din：in std_logic；
         cp：in std_logic；
         dout：out std_logic)；
end shiftreg4；
architecture behave shiftreg4 is
component b_dff
port(d,cp：in std_logic；
     q：out std_logic)；
end component；
signal temp：std_logic_vector(3 downto 1)；
begin
    g1：for i in 0 to 3 generate
p1：if (i＝0) generate
    b_dffx：b_dff port map(din,cp,temp(i+1))；
end generate p1；
p2：if (i＝3) generate
    b_dffx：b_dff port map(temp(i),cp,dout)；
end generate p2；
p3：if((i/＝0) and (i/＝3) generate
    b_dffx：b_dff port map(temp(i),cp,temp(i+1))；
end generate p3；
end generate g1；
end behave；
```

10.2.7　计数器设计

计数器是数字设备中的基本逻辑单元,其所能记忆的时钟脉冲的最大数目称为计数器的模。计数器不仅可以用在对时钟脉冲的计数上,还可以用于分频、定时产生脉冲序列以及进行数字运算等。

10.2.7.1　同步计数器

同步计数器是指在时钟脉冲的控制下,构成计数器的各触发器的状态同时发生变化的一类计数器。

（1）二进制计数器

下面以四位二进制计数器为例,该计数器由 4 个触发器构成,其真值表如表 10-23 所示,R 为复位端、S 为置位端、EN 为使能端、CLK 为时钟、$Q_0 \sim Q_3$ 为计数器的输出、CO 是进位输出端。

表 10-23　四位二进制计数器的真值表

R	S	EN	CLK	Q_3	Q_2	Q_1	Q_0
1	X	X	X	0	0	0	0
0	1	X	上升沿	预置值			

表 10-23(续)

R	S	EN	CLK	Q_3	Q_2	Q_1	Q_0
0	0	1	上升沿	计数加 1			
0	0	0	X	保持不变			

四位二进制计数器的 VHDL 语言描述的程序如程序 10-52。

【程序 10-52】

```
library ieee;
use ieee. std_logic_1164. all;
use. ieee. std_logic_arith. all;
use ieee. std_logic_unsigned. all;
entity counter is
    port(r,s,en,clk:in std_logic;
         co:out std_logic;
         q:buffer std_logic_vector(3 downto 0));
end counter4;
architecture rtl of counter4 is
begin
    process(clk,r)
    begin
      if (r='1') then
          q<=(others=>'0');
      elsif (clk'event and clk='1') then
          if (s='1') then
              q<="0000";
          elsif (en='1') then
              q<=q+1;
          else
              q<=q;
          end if;
      end if;
    end process;
co<='1' when q="1111" and en='1'
else'0';
    end rtl;
```

在设计复杂电路时,为了减少重复编码但又能满足不同设计的要求,设计人员常常要编写一个通用的计数器,在使用的时候直接通过参数传递语句把参数传递给它。其通用计数器的 VHDL 语言描述的程序如程序 10-53。

【程序 10-53】

```
library ieee;
use ieee. std_logic_1164. all;
use. ieee. std_logic_arith. all;
```

```
use ieee. std_logic_unsigned. all;
entity counter is
    generic (size:integer:=4);
    port(clk,r,s,en:in std_logic;
            co:out std_logic;
         q:buffer std_logic_vector((size-1) downto 0));
end counter;
architecture rtl of counter4 is
begin
    process(clk,r)
    begin
      if (r='1') then
          q<=(others=>'0');
      elsif (clk'event and clk='1') then
          if (s='1') then
            q<=(others=>'0');
          elsif (en='1') then
            q<=q+1;
          else
            q<=q;
          end if;
      end if;
    end process;
end rtl;
```

（2）可逆计数器

可逆计数器是指根据计数控制信号的不同,在时钟脉冲的作用下,可以进行加 1 操作或者减 1 操作的一种计数器。对于可逆计数器,必须定义一个用来控制计数器方向的控制端 updown。可逆计数器的控制方向由它来决定,从而完成可逆计数器不同方式的计数。当 updown$='1'$时,计数器加 1 计数;当 updown$='0'$时,计数器减 1 计数。

四位可逆计数器的真值表如表 10-24 所示。

表 10-24　四位可逆计数器的真值表

R	S	EN	CLK	UPDOWN	Q_3	Q_2	Q_1	Q_0
1	X	X	X	X	0	0	0	0
0	1	X	上升沿	X	预置值			
0	0	1	上升沿	1	计数加 1			
0	0	1	上升沿	0	计数减 1			
0	0	0	X	X	保持不变			

四位可逆计数器的 VHDL 语言描述的程序如程序 10-54。

【程序 10-54】

```
library ieee;
use ieee. std_logic_1164. all;
use. ieee. std_logic_arith. all;
use ieee. std_logic_unsigned. all;
entity counter is
    port(r,s,en,clk,updown:in std_logic;
         co:out std_logic;
         q:buffer std_logic_vector(3 downto 0));
end counter4;
architecture rtl of counter4 is
begin
    process(clk,r)
    begin
      if (r='1') then
          q<=(others=>'0');
      elsif (clk'event and clk='1') then
          if (s='1') then
              q<="0000";
          elsif (en='1') then
              if (updown='1') then
                  q<=q+1;
              else
                  q<=q-1;
              end if;
          else
              q<=q;
          end if;
      end if;
    end process;
co<='1' when q="1111" and en='1'
else '0';
end rtl;
```

10.2.7.2 异步计数器

异步计数器是指构成计数器的低位计数触发器的输出作为相邻的计数触发器的时钟，这样逐级串行连接起来。也就是说，构成异步计数器的触发器的翻转有先后顺序，不是在时钟脉冲到来的时候同时发生的。

现在以一个由 4 个 D 触发器构成四位异步计数器为例说明，其电路图如图 10-11 所示。

四位异步计数器的 VHDL 语言描述的程序如程序 10-55。

【程序 10-55】

```
library ieee;
use ieee. std_logic_1164. all;
```

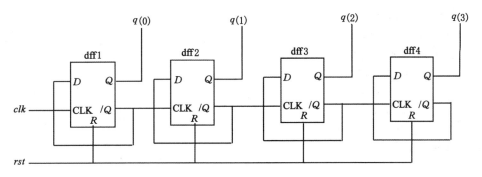

图 10-11　四位异步计数器的电路图

```
entity async_rdff is
    port (clk,d,rst,:in std_logic;
        q,qd:out std_logic);
end async_rdff;
architecture rtl of async_rdff is
begin
    process(clk,rst)
    begin
        if(rst='1') then
            q<='0';
            qd<='1';
        elsif(clk'event and clk='1') then
            q<=d;
            qd<=not d;
        end if;
    end process;
end rtl;


library ieee;
use ieee. std_logic_1164. all;
entity counter is
    port(clk,rst:in std_logic;
        q:out std_logic_vector(3 downto 0));
end counter;
architecture rtl of counter is
component async_rdff
    port(clk,rst:in std_logic;
        q,qd:out std_logic);
end component;
signal q_temp:std_logic_vector(4 downto 0);
begin
q_temp(0)<=clk;
```

```
g1：for i in 0 to 3 generate
    async_rdffx：async_rdff
        port map(clk=>q_temp(i)，
                rst=>rst；
                d=>q_temp(i+1)；
                q=>q(i)；
                qb=>q_tmep(i+1))；
end generate g1；
end rtl；
```

10.2.8　分频器设计

在数字电路设计中，常常需要对高频的时钟进行分频，以便获得低频的信号，用作其他需要低频时钟的模块。为了实现对时钟分频，可以使用一个计数器来实现。比如一个时钟的频率为 100 MHz，假设使用一个计数器，每计数 10 次，输出一次时钟信号，则可以实现 10 倍的分频，从而得到 10 MHz 的时钟信号。

下面的程序 10-56 是对一个时钟信号实现 10 倍分频的 VHDL 描述，计数器每计数 5 次完成一个状态的变换，即每计数 5 次，输出从高电平变为低电平或从低电平变为高电平。

【程序 10-56】

```
library ieee；
use ieee. std_logic_1164. all；
use ieee. numeric_std. all；
use ieee std_logic_unsigned. all；
entity clock_10 is
    port(reset，clk_in：in std_logic；
        clk_out：out std_logic)；
end clock_10；
architecture rtl of clock_10 is
    signal clk_cnt：unsigned(3 downto 0)；
    signal clk_bit：std_logic；
begin
    process(clk_in，reset)
    begin
if(reset='1') then
        clk_out<="0000"；
        clk_bit<='0'；
    elsif(rising_edge(clk_in)) then
        if (clk_cnt=4) then
          clk_cnt<="0000"；
          clk_bit<=not clk_bit；
        else
          clk_cnt<=clk_cnt+1；
        end if；
    end if；
```

```
        end process;
        clk_out<=clk_bit;
    end rtl;
```

10.3　状态机设计

10.3.1　状态机概述

10.3.1.1　状态机的基本结构和功能

状态机的基本结构一般如图 10-12 所示。

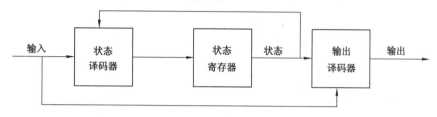

图 10-12　状态机的基本结构

从图 10-12 可以看出,除了输入信号、输出信号外,状态机还包括一组寄存器来记忆状态机的内部状态。状态机寄存器的下一个状态及输出不仅同输入信号有关,而且还与寄存器的当前状态有关,因此状态机可以认为是组合逻辑和寄存器逻辑的特殊组合。状态机包括两个主要部分:即组合逻辑部分和寄存器部分(时序逻辑部分)。其中,寄存器主要用来存储状态机内部状态;组合逻辑部分又可以分为状态译码器和输出译码器;状态译码器确定状态机的下一个状态,即确定状态机的激励方程;输出译码器确定状态机的输出,即确定状态机的输出方程。

状态机能够根据控制信号按照预先设定的状态进行状态转移,是协调相关信号动作、完成特定操作的控制中心。可以将状态机归纳为 4 个要素,即现态、条件、动作及次态。"现态"和"条件"是因,"动作"和"次态"是果。具体如下:

(1) 现态:是指当前所处的状态;

(2) 条件:又称为事件。当一个条件满足,将会触发一个动作,或者执行一次状态的迁移;

(3) 动作:条件满足后执行的动作。动作执行完毕后,可以迁移到新的状态,也可以仍旧保持原状态。动作不是必需的,当条件满足后,也可以不执行任何动作,直到迁移到新的状态;

(4) 次态:条件满足后要迁往的新状态。"次态"相对于"现态"而言的,"次态"一旦被激活,就转变成新的"现态"了。

一般来说,状态机的基本操作主要有以下两种:

(1) 状态机的内部状态转换:状态机需要经历一系列的状态转换,下一状态由状态译码器根据当前状态和输入信号决定;

(2) 产生输出信号序列:状态机的输出信号由输出译码器根据当前状态和输入信号来决定。

状态机在产生输出的过程中,可根据是否使用输入信号划分为两种典型的状态机: Moore 型状态机和 Mealy 型状态机。其中,Moore 型状态机的输出信号仅与当前状态有关,而与状态机的输入信号无关;而 Mealy 型状态机的输出信号不仅与状态机的当前状态有关,还与状态机的输入信号有关。根据两种类型状态机的定义,不难画出 Moore 型状态机和 Mealy 型状态机的结构框图,如图 10-13 和图 10-14 所示。

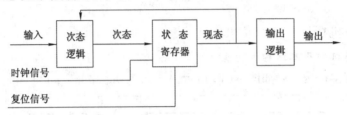

图 10-13   Moore 状态机的结构框图

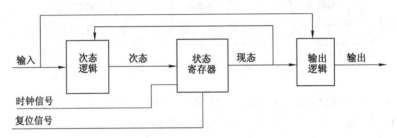

图 10-14   Mealy 状态机的结构框图

根据图 10-13 和图 10-14,可以把 Moore 型状态机的输出信号看成是当前状态的函数;而把 Mealy 型状态机的输出信号看成是当前状态和所有输入信号的函数。因此,不难看出 Mealy 型状态机比 Moore 型状态机复杂一些。

对于 Moore 型状态机和 Mealy 型状态机来说,控制定序都取决于当前状态和输入信号。大多数实用的状态机都是同步的时序电路,通过时钟信号来触发状态的转换。时钟信号同所有的边沿触发的状态寄存器相连,这就能使得状态机的状态改变在时钟的边沿发生。此外,设计人员还可以利用组合逻辑的传输延迟实现状态机存储功能的异步状态机,但是这样的状态机难于设计并且容易发生故障,所以这里只讨论同步时序状态机。

10.3.2   状态机的建模

建立状态机的模型主要完成两方面的工作,即状态的处理和模型的构建。

10.3.2.1   状态的处理

通常在数字系统设计过程中,那些输出取决于过去的输入部分和当前的输入部分的电路单元都可以看作是状态机,简称为 FSM。不难看出,状态机的全部历史都反映在当前状态上。因此,当给状态机一个新的输入时,状态机就会产生一个输出。这时,输出由当前状态和输入信号决定,同时状态机也会转移到下一个新的状态。这个新的状态也由状态机的当前状态和输入而定。在状态机中,其内部状态存放在寄存器中,下一个状态的值由状态译码器中的一个组合逻辑——转移函数产生,状态机的输出由另一个组合逻辑——输出函数产生。

一般来说,状态机中状态的处理主要有 3 种方法,分别是状态图、状态表和流程图。实际上,这三种表示方法都是等价的,相互之间可以任意进行转换。我们只介绍状态图,关于状态表和流程图可以参照相关的参考书。

首先来介绍一下状态图的概念。在设计过程中,状态机的状态转移和输出常用图形方式来表示,这种图形被称为状态图或状态转移图。下面来看一个状态图的例子,如图 10-15 所示。

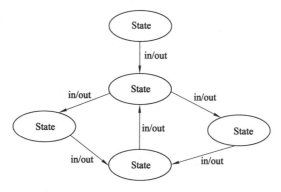

图 10-15　状态机的状态图

在图 10-15 所示的状态图中,每一个椭圆表示状态机的一个状态,而箭头表示状态之间的一个转移,引起状态机状态转移的输入信号以及当前输出信号表示在转换箭头旁边。

一般来说,状态机中的状态转移有两种方式:无条件转移和条件转移。如图 10-16 所示,从状态 A 转移到状态 B 为无条件转移,或者称为直接控制定序;从状态 C 转移到状态 D 或状态 E 有条件要求,因此称为条件转移,或者称为条件控制定序。当 I1＝0 时,状态机将从状态 C 转移到状态 D;当 I1＝1 时,状态机将从状态 C 转移到状态 E。

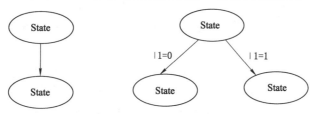

图 10-16　转移控制定序

对于 Moore 型状态机和 Mealy 型状态机来说,它们的状态图表示方法略有不同;Moore 型状态机的状态译码输出要写在状态圈中;Mealy 型状态机的状态译码输出通常要写在转换箭头旁边。图 10-17 给出了 Moore 型状态机和 Mealy 型状态机状态图表示方法的不同。

除了采用逻辑值标明转移条件外,还可以采用逻辑表达式来标明转移条件,这样表示可以使状态图更加紧凑,如图 10-18 所示。

图 10-18 中引起状态转移的输入信号有 START、$X1$ 和 $X2$,但是在状态 A 到状态 B 的转移与输入信号 $X1$ 和 $X2$ 无关,所以 $X1$ 和 $X2$ 没有出现在转换箭头上,显然这种方法比较简单明了。不难看出,采用这种方法需要特别注意应该避免状态图中的转移分支条件发生冲突。

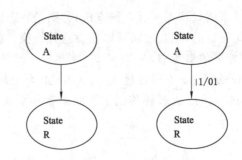

图 10-17 Moore 和 Mealy 型状态机的状态图表示方法

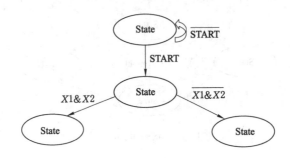

图 10-18 条件转移的状态图表示方法

为了检查状态图是否正确和完善,下面几条原则会对读者建立正确的状态图有所帮助。这几条原则为:

(1) 状态图中应该包含全部的状态,包括"空闲"状态;

(2) 脱离一个状态的所有转换的逻辑或值应该为真,这是检验进入一个状态后能否跳出该状态的一个简单方法;

(3) 验证脱离状态转换的异或值是否为真,这是保证在任何时候不会同时激活两个脱离状态的转换;

(4) 如果一个状态不是在每个过程发生变化,则可以插入自身循环,换句话说,当控制器进入一个状态且等待直到某一个条件发生时,可以插入一个适当的自身循环转换。

对于状态机的设计来说,如果能够画出状态机的状态转移图,就可以方便地使用硬件描述语言对状态机进行描述了。

10.3.2.2 状态编码

状态机中的状态编码常用的有 3 种编码方式,即二进制编码、枚举类型编码和一位有效编码。

(1) 二进制编码

二进制编码就是使用二进制数来表示状态,这是一个简单而常用的状态编码方式。例如状态机有 8 个状态,分别为 STATE0,STATE1,STATE2,…,STATE7,那么就可以使用一个三位的二进制数对其进行编码,即"000"表示 STATE0,"001"表示 STATE1……"111"表示 STATE7。对于较少状态的状态机,这种编码方式是有效的。代码如下:

```
TYPE STATE_TYPE IS(S1,S2,S3,S4,S5,S6,S7);
ATTRIBUTE ENUM_ENCODING:STRING;
```

ATTRIBUTE ENUM_ENCODING OF STATE_TYPE:TYPE IS "001 010 011 100 101 110 111"；

（2）枚举类型的编码

在设计状态机时,最简单常用的编码方式是枚举类型的状态编码方式。根据所需要的状态,定义新的枚举类型,并使用枚举类型定义状态变量。比如交通灯的红、黄、绿可以定义（RED,YELLOW,GREEN）枚举类型来表示。代码如下：

YTPE STATE_TYPE IS(RED,YELLOW,GREEN)；

（3）一位有效编码

一位有效编码就是使用每个状态占用状态寄存器的一位。这种编码方式看起来好像很浪费资源,例如,对于一位有效编码,一个具有 16 个状态的状态机需要 16 个触发器,但如果使用二进制编码,则只需要 4 个触发器。但是,一位有效编码可以简化组合逻辑和时序逻辑内部的连接。一位有效编码可以产生较小的并且更快的有效状态机。这对于时序逻辑资源比组合逻辑资源更丰富的 FPGA 来说,一位有效编码是最好的状态编码方式。代码举例如下：

TYPE STATE_TYPE IS(S1,S2,S3,S4,S5,S6,S7)；

ATTRIBUTE ENUM_ENCODING:STRING；

ATTRIBUTE ENUM_ENCODING OF STATE_TYPE:TYPE IS "0000001 0000010 0000100 0001000 0010000 0100000 1000000"；

10.3.2.3　模型的构建

状态机通常使用 CASE 语句来构建模型,一般的模型由两个进程组成,一个进程用来实现状态寄存器电路（即时序逻辑电路）,另一个进程用来实现组合逻辑电路。如果需要的话,也可以使用多个进程。CASE 语句的多个分支包含了每个状态的行为。

在状态机建模时,首先需要分析电路的逻辑关系和状态变化关系,并绘制状态图。根据状态图,可以建立 VHDL 模型,使用 CASE 语句实现状态的变化。具体建模过程如下：

① 分析设计目标,确定状态机所需要的状态,并绘制状态图；

② 建立 VHDL 实体,定义枚举类型的数据分析；

③ 定义状态变量,其数据类型为所定义的枚举数据类型,即定义状态的编码方式,具体代码如下：

TYPE STATE IS (STATE0,STATE1,STATE2,STATE3,……)；

SIGNAL CR_STATE,NEXT_STATE:STATE；

④ 建立寄存器电路的实现进程。具体代码如下：

PROCESS(CLK,RESET)

BEGIN

if RESET＝'1' then

　　　CR_STATE＜＝STATE0；

elsif (CLK'event and CLK＝'1')then

　　　CR_STATE＜＝NEXT_STATE；

end if；

END PROCESS；

上面的代码包含了决定系统初始状态（STATE0）的异步复位信号 RESET,后面是NEXT_STATE 的同步存储（由时钟上升沿触发）,NEXT_STATE 将更新当前的 CR_STATE 值。

⑤ 使用 CASE 语句建立组合逻辑电路的实现进程。具体代码如下：

```
PROCESS(CR_STATE,input)
BEGIN
    CASE CR_STATE IS
when    STATE0=>
                    if    input=…… then
                        NEXT_STATE<=STATE1;
end if;
        when    STATE1=>
……
        when    others=>NEXT_STATE<=STATE0;
    END CASE;
END PROCESS;
```

10.3.3   状态机的设计步骤

一般来说,状态机的设计步骤如下所示：

(1) 依据具体设计原则,确定是采用 Moore 型状态机还是 Mealy 型状态机；

(2) 分析设计要求,列出状态机所有状态,并对每一个状态进行状态编码；

(3) 根据状态转移关系和输出函数,画出所要设计状态机的状态图；

(4) 根据所画的状态图,采用硬件描述语言对状态机进行描述。

在上面的设计步骤中,最重要最复杂的一步是第(3)步,因为这一步需要充分利用设计人员的硬件设计经验。对于同一个设计问题来说,不同的设计人员可能构造出不同的状态图。状态图直观地反映了状态机各个状态之间的转换关系以及转换条件,因而有利于对状态机工作机理的理解,但是此时要求设计的状态数不能太多。状态转换采用状态表的方法列出状态机的转移条件,适用于状态机状态个数较多的情况。

10.3.4   状态机的设计实例

现在要求设计一个存储控制器状态机。

10.3.4.1   设计要求

设计的存储控制器能够根据微处理器的读周期和写周期,分别对存储器输出写使能信号 we 和读使能信号 oe。该存储控制器的输入信号有三个：微处理器的准备就绪信号 ready、微处理器的读写信号 read_write 和时钟信号 clk。

10.3.4.2   工作过程

(1) 当微处理器的准备就绪信号 ready 有效或上电复位时,存储控制器开始工作并且在下一个时钟周期到来时判断本次工作是读存储器操作还是写存储器操作；当微处理器的读写信号 read_write 有效时,本次工作即为读操作；当微处理器的读写信号 read_write 无效时,本次工作即为写操作。

(2) 控制器的输出写使能信号 we 在写操作中有效,而读使能信号 oe 在读操作中有效。

(3) 当读操作或写操作完成以后,微处理器的准备就绪信号 ready 标志本次处理任务完成,并使控制器回到空闲状态。

首先,根据状态机与控制器的对应关系,来确定存储控制器状态机的状态。设开始状态为空闲状态(idle),当微处理器的准备就绪信号 ready 有效后的下一个时钟周期到来时所处的状态设为判断状态(decision),然后将根据微处理器的读写信号 read_write 的不同而转入的状态分别设为读状态(read)和写状态(write)。

其次,根据存储控制器的工作过程来找出状态机的状态转移关系和输出函数,从而画出所要设计状态机的状态图。前面已经介绍过,状态转移图是一个十分重要的概念,它表明了状态机的状态和转移条件,有了状态转移图就可以容易地写出状态机的 VHDL 描述。图 10-19 给出了该存储控制器状态机的状态转移图。

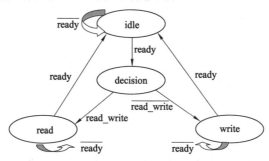

图 10-19　状态转移图

然后,根据上面画出的状态转移图给出该状态机的输出逻辑。该存储控制器状态机的输出逻辑十分简单,其输出逻辑的真值表如表 10-25 所示。

表 10-25　输出逻辑真值表

所处状态	oe	we
idle	0	0
decision	0	0
read	1	0
write	0	1

最后,就可以对该存储控制器状态机进行 VHDL 描述了。采用 VHDL 语言描述状态机时,通常情况下将把所有的状态均表达为 case_when 结构中的一条 case 语句,而状态的转移则通过 if_then_else 语句来实现。

采用 VHDL 语言描述状态机可以分为以下三步:

(1)利用可枚举的状态类型定义信号:

　　type state type is(idle,decisionwread,write);

　　signal present_state,next_state :state type;

(2)建立状态机进程。由于状态机的次态是现态和输入信号的函数信号都要作为进程的敏感信号。

　　process(present_state,ready,read_write)

　　begin

……

end process;

（3）通过进程定义状态的转移。在进程中使用 case_when 语句，因为空闲状态记 idle 是状态机状态的起点和终点，因此需要把 idle 作为 when 之后的第一项，然后再列出状态转移到其他状态的条件，从而完成状态机状态的转移。

```
process(present_state,ready. read_write)
begin
   case present_state is
        when idle=>we<='0';oe<='0';
                          if(ready='1')   then
                             next_state<=decision;
                          else
                             next_state<=idle ;
                          end if;
......
        end case ;
   end process;
```

由于 VHDL 语言语法的多样性，所以采用 VHDL 语言描述状态机可以有不同的设计方法。但是要遵循一定的设计原则：

（1）至少包括一个状态信号，状态信号用来指定状态机的状态；

（2）状态转移指定和输出指定，它们对应于控制单元中与每个控制步有关的转移条件；

（3）用来进行同步的时钟信号。

采用 VHDL 语言描述状态机必须包括上面的三个内容，如果缺少其中的任何一个内容，VHDL 的综合工具就有可能不能将该 VHDL 程序识别为状态机。一般情况下，一个实际应用的状态机还应该含有同步或异步复位信号，在某些场合下这个复位信号将显得尤为重要。

10.3.4.3 VHDL 语言实现

（1）单进程状态机的 VHDL 语言实现

所谓单进程状态机的设计方法就是指将状态机中的次态逻辑、状态寄存器和输出逻辑在 VHDL 程序的结构体中用一个进程来描述。

采用单进程状态机的设计方法对存储控制器进行的 VHDL 描述如程序 10-57 所示。

【程 10-57】

```
library ieee;
use ieee. std_logic_1164. all;
entity memory_controller is
    port(ready : in std_logic ;
         clk;in std_logic ;
         read_write;in std_logic;
         we,oe :out std_logic);
end memory_controller;
architecture state_machineof   memory_controller is
    type state_type is(idle,decision,read,write);
    signal state ;state_type;
```

```
begin
    one_process：
    process(clk)
begin
    if (clk'event and clk='1') then
        case state is
    when idle=>if (ready='1') then
                    state<=decision;
                else
                    state<=idle;
        end if；
    when decision=>if(read_write='1' then
                    state<=read；
                else
                    state<=write；
                end if；
    when read=> if(ready='1') then
                    state<=idle；
                else
                    state<=read；
                end if；
    when write=> if(ready='1') then
                    state<=idle；
                else
                    state<=write；
                end if；
        end case；
    end if；
end process ；
oe<='1' when state=read；
        else '0'；
we<='1' when state=write
        else '0'；
end state_machine ；
```

（2）双进程状态机的 VHDL 语言实现

双进程状态机的设计方法就是指在对状态机进行 VHDL 描述的过程中，通常采用两个进程来对状态机的行为进行描述：一个进程语句用来描述状态机中次态逻辑、状态寄存器和输出逻辑中的任意两个；剩下的一个用另外的一个进程来进行描述。

通过上面对双进程状态机设计方法的定义不难看出，采用双进程的设计方法可以有三种不同的描述形式：

① 描述形式 1：进程 1 用来描述状态机的次态逻辑和输出逻辑，进程 2 则用来描述状态机的状态寄存器。参见程序 10-58。

② 描述形式 2：进程 1 用来描述状态机的次态逻辑和状态寄存器，进程 2 则用来描述状态机的输出逻辑。参见程序 10-59。

③ 描述形式 3：进程 1 用来描述状态机的状态寄存器和输出逻辑，进程 2 则用来描述状态机的次态逻辑。参见程序 10-60。

在上面双进程的三种描述形式中，经常采用的是描述形式 1。原因是采用描述形式 1 可以把状态机的组合逻辑部分和时序逻辑部分分开，这样有利于对状态机的组合逻辑部分和时序逻辑部分分别进行测试。这里需要注意的是，不同的描述形式对于综合结果的影响很大。一般来说，采用描述形式 1 的综合结果是比较好的，而对于描述形式 2 和描述形式 3 综合结果则较差，因此后两种描述形式一般不采用。

【程序 10-58】

```
library ieee；
use ieee. std_logic_1164. all；
entity memory_controller is
    port(ready,clk,read_write ：in std_logic；
        we,oe ：out std_logic)；
end   memory_controller；
architectrue state_machine of memory_controller is
type state_type is (idle,decision,read,write)；
singal present_state ,next_state ：state_type；
begin
process(present_state,ready,read_write)
begin
        casepresent_state is
        when   idel=＞ we＜＝'0'；oe＜＝'0'；
if(ready='1') then
                        next_state＜＝decision；
                else
                    next_state＜＝idle；
                end if；
        when decision=＞ we＜＝'0'；oe＜＝'0'；
if(read_write='1') then
                        next_state＜＝read；
                else
                    next_state＜＝write；
                end if；
        when   read=＞ we＜＝'0'；oe＜＝'1'；
if(ready='1') then
                    next_state＜＝idle；
                else
                    next_state＜＝read；
        when write＞＝ we＜＝'1'；oe＜＝'0'；
if(ready='1') then
```

```
                    next_state<=idle;
            else
                    next_state<=write;
            end if;
        end case;
    end process;
process(clk)
begin
  if(clk'event and clk='1') then
     present_state<=next_state;
  end if;
end process;
end state_machine;
```

【程序 10-59】

```
library ieee;
use ieee.std_logic_1164.all;
entity memory_controller is
   port(ready,clk,read_write : in std_logic;
       we,oe : out std_logic);
end   memory_controller;
architectrue state_machine of memory_controller is
type state_type is (idle,decision,read,write);
singal state :state_type;
begin
process(clk)
begin
  if(clk'event and clk='1') then
    case state is
      when   idel=> if(ready='1') then
                      state<=decision;
                  else
                      state<=idle;
                  end if;
      when decision=> if(read_write='1') then
                      state<=read;
                  else
                      state<=write;
                  end if;
      when   read=> if(ready='1') then
                      state<=idle;
                    else
                      state<=read;
      when write>= if(ready='1') then
```

```
                                state<=idle;
                        else
                                state<=write;
                        end if;
            end case;
        end if;
    end process;
    process(state)
    begin
    case state is
        when    idel=>we<='0';oe<='0';
        when    decison=>we<='0';oe<='0';
        when    read=>we<='0';oe<='1';
    when    write=>we<='1';oe<='0';
    end case;
        end process;
    end state_machine;
```

【程序 10-60】

```
library ieee;
use ieee. std_logic_1164. all;
entity memory_controller is
    port(ready,clk,read_write : in std_logic;
        we,oe : out std_logic);
end memory_controller;
architectrue state_machine of memory_controller is
type state_type is (idle,decision,read,write);
singal present_state ,next_state :state_type;
variable present_state_tmp :state_type;
begin
process(clk)
begin
    if(clk'event and clk='1') then
        present_state:=next_state;
        case    present_state_tmp is
            when    idel=>we<='0';oe<='0';
            when    decison=>we<='0';oe<='0';
            when    read=>we<='0';oe<='1';
    when    write=>we<='1';oe<='0';
            end case;
        end if;
        present_state<=present_state_tmp;
    end process;
process(present_state,ready,read_write)
```

```
begin
        casepresent_state is
        when    idel=> we<='0';oe<='0';
if(ready='1') then
                            next_state<=decision;
                    else
                            next_state<=idle;
                    end if;
        when decision=> we<='0';oe<='0';
if(read_write='1') then
                            next_state<=read;
                    else
                            next_state<=write;
                    end if;
        when    read=> we<='0';oe<='1';
if(ready='1') then
                            next_state<=idle;
                      else
                            next_state<=read;
        when write>= we<='1';oe<='0';
if(ready='1') then
                            next_state<=idle;
                    else
                            next_state<=write;
                    end if;
        end case;
    end process;
end state_machine;
```

（3）三进程状态机的 VHDL 语言实现

所谓三进程状态机的设计方法是指在对状态机进行 VHDL 描述的过程中,采用三个进程来对状态机的行为进行描述:一个进程用来描述状态机的次态逻辑;一个进程用来描述状态机的状态寄存器;一个进程用来描述状态机的输出逻辑。

采用三进程状态机的设计方法也可以把状态机的组合逻辑部分和时序逻辑部分分开,从而有利于对状态机的组合逻辑部分和时序逻辑部分分别进行测试。参见程序 10-61。

【程序 10-61】
```
library ieee;
use ieee. std_logic_1164. all;
entity memory_controller is
    port(ready,clk,read_write : in std_logic;
        we,oe : out std_logic);
end  memory_controller;
architectrue state_machine of memory_controller is
```

```
type state_type is (idle,decision,read,write);
singal present_state ,next_state :state_type;
begin
process(present_state,ready,read_write)
begin
        casepresent_state is
        when    idel=>
if(ready='1') then
                        next_state<=decision;
                    else
                        next_state<=idle;
                    end if;
        when decision=>
if(read_write='1') then
                        next_state<=read;
                    else
                        next_state<=write;
                    end if;
        when    read=>
if(ready='1') then
                        next_state<=idle;
                      else
                        next_state<=read;
        when write>=
if(ready='1') then
                        next_state<=idle;
                    else
                        next_state<=write;
                    end if;
        end case;
      end process;
process(clk)
begin
    if(clk'event and clk='1') then
        present_state<=next_state;
    end if;
end process;
process(present_state)
begin
    case    present_state is
        when    idel=>we<='0';oe<='0';
        when    decison=>we<='0';oe<='0';
        when    read=>we<='0';oe<='1';
```

```
when    write=>we<='1';oe<='0';
    end case;
end process;
end state_machine;
```

10.3.5　Moore 型状态机的复位

在设计时序逻辑电路的时候常常需要对电路进行复位,同样在设计状态机的时候也常常需要对状态机进行复位。和其他的序逻辑电路一样,状态机的复位也分为同步复位和异步复位两种。本节仍以上面提到的存储控制器为例,来重点讨论一下关于状态机的复位问题。

10.3.5.1　状态机的同步复位

一般来说,同步复位信号在时钟的边沿到来时,将会对状态机进行复位操作,同时把复位值赋给输出信号并使状态机回到空闲状态。由于复位信号的产生是随机的,不可预测的,所以为了避免在状态转移过程中发生复位操作,需要每一步每一个状态都要判断复位信号是否有效,需要在状态转移进程中的每个状态分支中都指定到空闲状态的转移。为了避免发生这种情况,可以在状态转移进程的开始部分就写入对复位信号的判断语句;若复位信号有效,则直接进入到空闲状态并将复位值赋给输出信号;若复位信号无效,则执行接下来的正常状态转移进程。

在描述带同步复位的状态机时,复位时刻在触发器构成的电路模块中存在一个隐含存储器效应,或者称为隐埋存储器。为了说明这个概念,下面来看一个小例子:

```
process(clk)
begin
    if(clk'event and clk='1') then
        q<=d;
    end if;
end process;
```

这个小例子表明 D 触发器在时钟信号的上升沿,输出端口将得到输入信号 d 的值。由于这里采用的是时钟信号的上升沿触发,所以如果时钟信号不变化或者到来的是时钟信号的下降沿,那么输出信号 q 值将保持不变。而保持输出信号 q 值不变在上面的程序中并没有进行说明,因此称这种现象为隐含存储器效应。在这种情况下,便会需要额外的存储器来保持原来信号的值,从而占用了更多的资源数。

同样,与上面 if_then 语句对应的 if_then_else 语句在 D 触发器描述上具有一致的结果。

```
process(clk)
begin
    if(clk'event and clk='1') then
      q<=d;
    else
      q<=q;
    end if;
end process;
```

　　因此,为了避免这种隐含存储器效应,在对同步复位信号进行判断的 if 语句中,如果复位信号有效时一定要将复位值赋给状态机的输出信号。如果不指定复位值,由于隐含存储器效应将会造成状态机的输出信号与复位前一致,输出信号不变化将达不到复位目的,从而使设计模块不能工作,造成系统不能正常复位。

　　程序 10-62 就是带有同步复位信号的存储控制器状态机的 VHDL 描述。

【程序 10-62】

```
library ieee;
use ieee. std_logic_1164. all;
entity memory_controller is
    port(ready,clk,read_write : in std_logic;
        we,oe : out std_logic);
end   memory_controller;
architectrue state_machine of memory_controller is
type state_type is (idle,decision,read,write);
singal present_state ,next_state :state_type;
begin
process(present_state,ready,read_write)
begin
  if (reset='1') then
      oe<='-';
      we<='-';
      next_state<=idle;
    else
      casepresent_state is
        when   idel=> we<='0';oe<='0';
if(ready='1') then
                    next_state<=decision;
                  else
                    next_state<=idle;
                  end if;
        when decision=> we<='0';oe<='0';
if(read_write='1') then
                    next_state<=read;
                  else
                    next_state<=write;
                  end if;
        when   read=> we<='0';oe<='1';
if(ready='1') then
                    next_state<=idle;
                  else
                    next_state<=read;
        when write>= we<='1';oe<='0';
```

```
                    if(ready='1') then
                              next_state<=idle;
                        else
                              next_state<=write;
                        end if;
          end case;
       end process;
process2:
process(clk)
begin
   if(clk'event and clk='1') then
      present_state<=next_state;
   end if;
end process;
end state_machine;
```

在程序 10-62 中,将复位信号的判断处理放在了进程 process1 的开始部分。实际上,设计过程中也可以将复位信号的判断处理放在进程 process1 的状态转移语句的后面。需要注意的是,由于这种方式已经在上面对 idle 状态的输出信号进行了规定,所以复位时只需要定义状态机的状态转移即可。

采用上述方式的带有同步复位信号的存储控制器状态机的 VHDL 描述如程序 10-63 所示。

【程序 10-63】

```
library ieee;
use ieee. std_logic_1164. all;
entity memory_controller is
    port(ready,clk,read_write:in std_logic;
        we,oe:out std_logic);
end  memory_controller;
architectrue state_machine of memory_controller is
type state_type is (idle,decision,read,write);
singal present_state ,next_state :state_type;
begin
process(present_state,ready,read_write)
begin
      casepresent_state is
      when   idel=> we<='0';oe<='0';
if(ready='1') then
                        next_state<=decision;
                  else
                        next_state<=idle;
                  end if;
      when decision=> we<='0';oe<='0';
```

```
        if(read_write='1') then
                        next_state<=read;
                else
                        next_state<=write;
                end if;
        when  read=>  we<='0';oe<='1';
        if(ready='1') then
                        next_state<=idle;
                    else
                        next_state<=read;
                    end if;
        when write>=  we<='1';oe<='0';
        if(ready='1') then
                        next_state<=idle;
                else
                        next_state<=write;
                    end if;
        end case;
      if (reset='1') then
          next_state<=idel;
      end if;
    end process;
    process2:
    process(clk)
    begin
      if(clk'event and clk='1') then
          present_state<=next_state;
      end if;
    end process;
    end state_machine;
```

10.3.5.2 状态机的异步复位

在状态机的实际设计过程中,有时候也常常采用异步复位方式,例如在上电复位和系统错误时进行复位操作的情况。异步复位方式比同步复位方式优越的地方在于:同步复位方式一般需要占用较多的系统资源;而异步复位往往可以消除引入额外存储器的可能性。

带有异步复位信号的存储控制器状态机的 VHDL 描述十分简单,只需要在描述状态寄存器的进程 process2 中引入异步复位信号即可,如下所示:

```
    process2:
    process(clk,reset)
    begin
      if (reset='1') then
          present_state<=idle;
      elsif(clk'event and clk='1') then
```

```
            present_state<=next_state;
        end if;
    end process;
end state_machine;
```

10.3.6　Moore 型状态机的信号输出方式

一般的 Moore 型状态机有三种常用的信号输出方式：

① 同步的信号输出方式；

② 状态直接输出的方式；

③ 并行译码的信号输出方式

10.3.6.1　同步的信号输出方式

通过前面 Moore 型状态机和 Mealy 型状态机的结构框图，不难知道它们的输出信号都是经由组合逻辑电路输出的，因此输出信号会产生"毛刺"现象。

通常情况下对于同步逻辑电路来说，"毛刺"现象只是发生在时钟跳变沿之后的一小段时间里，在下一个时钟跳变沿到来时"毛刺"已经消失，因此这时的"毛刺"现象并不会对设计的电路产生影响。对于上面情况可以不考虑"毛刺"现象，但是如果在设计电路的过程中需要把状态机的输出作为使能信号、片选信号、复位信号或时钟信号等来使用时，"毛刺"现象将会对电路设计造成很大的影响，甚至烧毁电路板。因此在这种情况下，必须保证状态机的输出信号没有"毛刺"现象产生。

在设计状态机的过程中，设计人员常常采用同步的信号输出方式来消除"毛刺"现象。同步的信号输出方式就是将状态机的输出信号加载到一个寄存器中，该寄存器一般是由 D 触发器构成的，它的时钟信号就是状态机的时钟信号。

不难看出，同步的信号输出方式实际上就是在状态机的结构框图中的输出逻辑后端加一个寄存器。同步的信号输出方式的状态机的结构框图如图 10-20 所示。从图 10-20 中可以看出，状态机的每一个输出信号都经过了一个附加的寄存器。由于该寄存器采用了状态机的时钟信号进行同步，所以可以保证输出信号上不会产生"毛刺"现象。但是需要注意的是，由于在状态机中附加了一个时钟同步的寄存器，因此这时状态机的输出信号将会比原来的信号输出晚一个时钟周期。

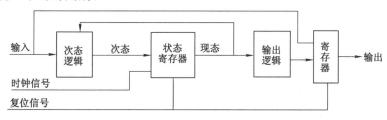

图 10-20　同步信号输出方式状态机的结构框图

对于采用同步的信号输出方式的状态机来说，它的 VHDL 描述并不复杂，只需要将状态机输出信号的赋值语句写到时钟进程里即可。

程序 10-64 就是采用同步的信号输出方式对存储控制器状态机进行 VHDL 描述的例子。

【程序 10-64】

```
library ieee；
use ieee. std_logic_1164. all；
entity memory_controller is
    port(ready,clk,read_write ： in std_logic；
        we,oe ： out std_logic)；
end   memory_controller；
architectrue state_machine of memory_controller is
type state_type is （idle,decision,read,write）；
singal state ：state_type；
begin
process(clk)
begin
  if(clk'event and clk='1') then
    case state is
        when   idel=>we<='0'；oe<='0'；
if(ready='1') then
                    state<=decision；
                else
                    state<=idle；
                end if；
        when decision=> we<='0'；oe<='0'；
if(read_write='1') then
                    state<=read；
                else
                    state<=write；
                end if；
        when   read=> we<='0'；oe<='1'；
if(ready='1') then
                    state<=idle；
                  else
                    state<=read；
        when write>= we<='1'；oe<='0'；
if(ready='1') then
                    state<=idle；
                else
                    state<=write；
                end if；
        end case；
    end if；
end process；
end state_machine；
```

程序 10-64 采用的是单进程状态机的设计方法。虽然采用这种设计方法的 VHDL 程序较短,但是此时的程序结构较复杂、不易维护,而且可读性较差。因此,这里建议大家不要使用这种设计方法,而应该使用双进程状态机的设计方法。在使用双进程状态机的设计方法时,采用描述形式 1 不仅可以清楚地在一个进程中确定状态的转移和对输出信号的赋值,而且具有结构易于建立、维护和修改等优点。

10.3.6.2　状态直接输出的方式

为了缩短输出信号的传输时延和消除"毛刺"现象,经常采用的一种方法是将状态位本身作为信号直接输出。不难看出,状态直接输出方式的状态机就相当于去掉了一般状态机中的输出逻辑电路。

状态直接输出方式的状态机的结构框图如图 10-21 所示。从图 10-21 中可以看出,状态机中去掉了逻辑输出而直接把状态作为输出信号,这样输出信号就直接来自于寄存器,从而避免了"毛刺"现象的产生。由于在状态机中少了一级逻辑电路,所以同时也减小了输出信号的传输时延。

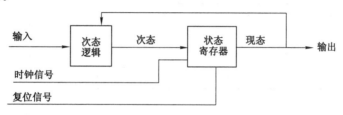

图 10-21　状态直接输出方式状态机的结构框图

采用 VHDL 语言对这种状态直接输出方式的状态机进行描述,其中最重要的工作就是对状态机的状态进行编码。

在使用 VHDL 语言对存储控制器状态机进行描述之前,首先要对所要设计的状态机状态进行编码。这里先建立一个包括当前状态和输出信号的表格,如表 10-26 所示。

表 10-26　当前状态和输出信号表

所处状态	*oe*	*we*
idle	0	0
decision	0	0
read	1	0
write	0	1

从表 10-26 不难看出,输出信号的所有值中输出组合 00 出现的频率最高。对于状态机的 idle 状态和 decision 状态来说,状态机的输出信号均为 00。因此,这里必须对这两种状态进行区分,以能够进行正确的编码。为此,这里可以加入一个状态位,以使状态机的不同状态位具有不同的状态编码。

表 10-27　加入状态位 *s* 后的当前状态和输出信号表

所处状态	*oe*	*we*	*s*
idle	0	0	0

表 10-27（续）

所处状态	oe	we	s
decision	0	0	1
read	1	0	
write	0	1	

在表 10-26 的基础上，加入一个状态位 s 来区分 idle 状态和 decision 状态，如表 10-27 所示。由于其他的状态具有独立的状态编码，所以可以在上面表格的空白处填入任意值，这里填入 0 以完成最终的状态编码，如表 10-28 所示。

表 10-28　状态编码表

所处状态	oe	we	s
idle	0	0	0
decision	0	0	1
read	1	0	0
write	0	1	0

完成了上面的各项工作以后，就可以很方便地使用 VHDL 语言来对采用状态直接输出方式的存储控制器状态机进行描述了。需要注意的一点是，与前面用可枚举类型定义的状态对象不同，这里指定常量来确定各个状态的取值。

程序 10-65 就是采用状态直接输出方式的存储控制器状态机的 VHDL 描述。

【程序 10-65】

```
library ieee;
use ieee. std_logic_1164. all;
entity memory_controller is
    port(ready,clk,read_write : in std_logic;
        we,oe : out std_logic);
end   memory_controller;
architectrue state_machine of memory_controller is
type state_type is array(2 downto 0) of std_logic;
constant idel :state_type:="000";
constant decision :state_type:="001";
constant read :state_type:="100";
constant write :state_type:="010";
singal state :state_type;
begin
process(clk)
begin
   if(reset='1') then
        state<=idle;
   elseif(clk'event and clk='1') then
```

```
    case state is
        when    idel=> if(ready='1') then
                        state<=decision;
                    else
                        state<=idle;
                    end if;
        when decision=> if(read_write='1') then
                        state<=read;
                    else
                        state<=write;
                    end if;
        when    read=> if(ready='1') then
                        state<=idle;
                    else
                        state<=read;
        when write>= if(ready='1') then
                        state<=idle;
                    else
                        state<=write;
                    end if;
        when others=>state<="---";
        end case;
    end if;
end process;
oe<=state(2);
we<=state(1);
end state_machine;
```

10.3.6.3　并行译码的信号输出方式

并行译码的信号输出方式同样也是为了减少输出信号的传输延时,从而提高状态机的速度。并行译码的信号输出方式就是在状态位锁存之前,先进行逻辑译码,即把状态机的状态一边送到状态寄存器进行锁存,一边送到译码器进行译码输出。可见,这样做相当于提前进行了输出状态的译码工作。但是需要注意的是,由于提前进行了状态的译码工作,而状态机的状态又不是锁定的,所以译码输出后为了保持输出稳定并避免"毛刺"现象的发生,需要增加一个输出寄存器。

可见,并行译码输出方式的状态机要比以前的设计增加了更多的寄存器,即占用了更多的逻辑资源。这种逻辑资源的牺牲可以换来速度的提高,因此在实际设计过程中常常需要牺牲逻辑资源来换取速度上的提高。

程序 10-66 就是采用并行译码输出方式的存储控制器状态机的 VHDL 描述。

【程序 10-66】

```
library ieee;
use ieee.std_logic_1164.all;
entity memory_controller is
```

```
        port(ready,clk,read_write : in std_logic;
            we,oe : out std_logic);
end   memory_controller;
architectrue state_machine of memory_controller is
type state_type is (idle,decision,read,write);
singal present_state ,next_state :state_type;
signal oe_tmp,we_tmp :std_logic;
begin
process(reset,present_state,ready,read_write)
begin
        casepresent_state is
        when   idel=>
if(ready='1') then
                        next_state<=decision;
                else
                    next_state<=idle;
                    end if;
        when decision=>
if(read_write='1') then
                        next_state<=read;
                else
                    next_state<=write;
                    end if;
        when   read=>
if(ready='1') then
                        next_state<=idle;
                    else
                    next_state<=read;
        when write>=
if(ready='1') then
                        next_state<=idle;
                else
                    next_state<=write;
                    end if;
        end case;
        end process;
oe_tmp<='1' when next_state=read;
    else '0';
we_tmp<='1' when next_state=write;
    else '0';
process(clk,reset)
begin
    if(clk'event and clk='1') then
```

```
        present_state<=next_state;
      end if;
    end process;
  process(present_state)
  begin
    if(reset='1') then
        oe<='0';
        we<='0';
        present_state<=idle;
      elseif(clk'event and clk='1') then
  present_state<=next_state;
        oe<=oe_tmp;
        we<=we_tmp;
    end if;
      end process;
  end state_machine;
```

习　　题

1. 什么是状态机?

2. 简述状态机的设计方法。

3. 简述 Moore 型有限状态机与 Mealy 型有限状态机的区别。

4. 什么是一位有效热码编码方式?

5. 简述采用 VHDL 设计状态机中非法状态的处理方法。

6. 用 VHDL 设计一个 8 选 1 数据选择器。

7. 用 VHDL 设计一个半加器和全加器。

8. 设计一个数字组合锁,电路有 4 个输入,分别是 A,B,C 和 D。当出现下列组合时锁打开。

(1) 输入 A 和 D 是 0,B 和 C 是 1。

(2) 输入 A、C 和 D 是 1,B 是 0。

(3) 输入 A、B 和 C 是 1,D 是 0。

(4) 输入 A、B、C 和 D 都是 1。

写出描述锁电路的 VHDL 代码。

9. 用 VHDL 描述一个 JK 触发器,它有一个控制信号 c。当 c 为 0 时,如果 $J=K=1$,则触发器输出为 1;当 c 为 1 时,如果 $J=K=1$,则触发器输出为 0。

10. 一个状态机的状态编码为 $A=111$、$B=001$、$C=101$、$D=011$、$E=000$、$F=110$ 和 $G=010$,写出对应的 VHDL 代码。

11. 一个时序电路有 6 个状态(A、B、C、D、E、F),5 个输入(s、t、u、v、w)和 3 个输出(l、m、n)。电路的功能可以采用下面的 if-then-else 语句确定。每个现态都显示了与此状态和状态转换相关的输出。用 case 语句写出该电路的 VHDL 代码。

stateA: l=0,m=0,n=0;

　　if s＝1 then B else A;

stateB: l=0,m=0,n=0;

　　if z1＝1 then C

　　elsif z2＝1 then B

　　elsif t＝1 then A

　　else B;

stateC: l=0,m=0,n=0;

　　if z1＝1 then C

　　elsif z2＝1 then D

　　elsif t＝1 then A

　　else C;

stateD: l=0,m=0,n=0;

　　if z1＝1 then E

　　elsif z2＝1 then D

　　elsif t＝1 then A

　　else D;

stateE: l=1,m=0,n=1;

　　if z3＝1 then E

　　elsif z4＝1 thenF

　　elsif t＝1 then A

　　else E

stateF: l=0,m=1,n=0;

　　if t＝1 then A

　　else F;

12. 设计一个单输入、单输出的状态机,当输入端出现至少两个0和两个1(无论其出现次序如何)时电路输出并保持为1。写出该电路的 VHDL 代码。

13. 设计一个通用的 n 分频器,其中 n 为整数。提示:使用 GENERIC 语句。

14. 设计一个计数器,它能从0秒计时到9分59秒,要求电路具有启动、停止和复位按钮,时钟频率为 1 Hz。

15. 试设计一个电路,它可以计算输入矢量中的'1'的个数,见表 P1。编写 VHDL 代码。

表 P1　第 15 题使用的表

din(7:1)中'1'的个数	count(2:0)
0	000
1	001
2	010
3	011
4	100
5	101
6	110
7	111

16. 下面是 D 触发器的 VHDL 语言代码,在代码中引入了辅助信号 temp。分析下面的 3 种方案,并判断在哪种情况下 q 和 qbar 能够正常工作并进行简要说明。

```
entity dff is
    port(d,clk:in bit;
         q,qbar:buffer bit);
end dff;
```

（1）方案 1

```
architecture arch1 of dff is
    signal temp:bti;
begin
    process(clk)
    begin
        if(clk'event and clk='1') then
            temp<=d;
            q<=temp;
            qbar<=not temp;
        end if;
    end process;
end arch1;
```

（2）方案 2

```
architecture arch2 of dff is
    signal temp:bit;
begin
process(clk)
begin
    if (clk'event and clk='1') then
        temp<=d;
    end if;
    q<=temp;
    qbar<=not temp;
end process;
end arch2;
```

（3）方案 3

```
architecture arch3 of dff is
    signal temp:bit;
begin
    process(clk)
    begin
        if(clk'event and clk='1') then
            temp<=d;
        end if;
    end process;
```

```
      q<=temp；
    qbar<=not temp；
  end arch3；
```

17. 下面是 D 触发器的 VHDL 语言代码,在代码中引入了辅助变量 temp。分析下面的 3 种方案,并判断在哪种情况下 q 和 $qbar$ 能够正常工作并进行简要说明。

```
entity dff is
   port(d,clk：in bit；
        q，：buffer bit；
        qbar：out bit)；
end dff；
```

（1）方案 1

```
architecture arch1 of dff is
begin
process(clk)
variable temp：bit；
begin
    if(clk'event and clk='1') then
        temp：=d；
        q<=temp；
        qbar<=not temp；
    end if；
end process；
end arch1；
```

（2）方案 2

```
architecture arch2 of dff is
begin
   process(clk)
variable temp：bit；
   begin
       if(clk'event and clk='1') then
           temp：=d；
           q<=temp；            qbar<=not q；
       end if；
end process；
end arch2；
```

（3）方案 3

```
architecture arch3 of dff is
begin
process(clk)
variable temp：bit；
begin
    if(clk'event and clk='1') then
```

```
            temp：=d；
            q<=temp；
        end if；
    end process；
    qbar<=not q；
    end arch3；
```

18. 编写 16 选 1 数据选择器的 VHDL 程序。设电路的 16 位数据输入为 $A[15:0]$，使能控制端为 ENA，高电平有效，数据选择输出为 Y。

19. 编写 8 位二进制数据比较器的 VHDL 程序。设电路的两个 8 位二进制数输入为 $A[7:0]$ 和 $B[7:0]$，当 $A[7:0]>B[7:0]$ 时，输出 $GT=1$，当 $A[7:0]<B[7:0]$ 时，输出 $LT=1$，当 $A[7:0]=B[7:0]$ 时，输出 $EQ=1$。

20. 编写带置位和复位控制的 D 型触发器的 VHDL 程序。设电路的置位端为 PRD，复位端为 CLR，低电平有效，互补输出为 Q 和 QN。

21. 编写带复位和预置控制的六进制加法器的 VHDL 程序。设电路的预置输入端为 $D[3:0]$，计数输出端为 $Q[3:0]$，时钟输入端为 CLK。$CLRN$ 是复位控制输入端，当 $CLRN=0$ 时，$Q[3:0]=0000$。LDN 是预置控制输入端，当 $LDN=0$ 时，$Q[3:0]=D[3:0]$。ENA 是使能控制输入端，当 $ENA=1$ 时，计数器计数，$ENA=0$ 时，计数器保持状态不变。

参 考 文 献

[1] 邱关源.电路[M].5 版.北京:高等教育出版社,2011.

[2] 童诗白.模拟电子技术基础[M].5 版.北京:高等教育出版社,2015.

[3] 高玉良.电路与模拟电子技术[M].2 版.北京:高等教育出版社,2013.

[4] 杨居义.电路与电子技术项目教程[M].北京:清华大学出版社,2012.

[5] 闫石.数字电子技术基础[M].6 版.北京:高等教育出版社,2016.

[6] 盛建伦.数字逻辑与 VHDL 逻辑设计[M].北京:清华大学出版社,2012.

[7] 冯福生.数字逻辑与 VHDL 程序设计[M].北京:电子工业出版社,2012.

[8] 吴建强.电路与电子技术[M].2 版.北京:高等教育出版社,2018.

[9] 张虹.电路与电子技术[M].6 版.北京:北京航空航天大学出版社,2020.